Materialien

zur

Phytologie.

Erste Lieferung,

herausgegeben

von

Ferdinand Runge.

Berlin 1820.
Gedruckt und verlegt
bei G. Reimer.

Anleitung

zu

einer bessern Zerlegungsweise

der Vegetabilien

durch

Theorie und Versuche

erläutert

von

Ferdinand Runge,

Doctoren der Heilkunde.

Pflüget ein Neues, und säet nicht unter die Hecken.
Jerem. 4, 3.

Berlin 1820.
Gedruckt und verlegt
bei G. Reimer.

Neueste

Phytochemische Entdeckungen

zur Begründung

einer wissenschaftlichen Phytochemie.

Erste Lieferung

von

Ferdinand Runge,
Doctoren der Heilkunde.

Das Pflanzenreich ist das lebendig gewordene Erdreich.
Oken.

(Mit drey Tafeln in Steindruck.)

Berlin 1820.
Gedruckt und verlegt
bei G. Reimer.

Treffliche Künste dankt man der Noth und dankt man dem
Zufall,
Nur zur Wissenschaft hat keines von beyden geführt.

Göthe.

Den

Freunden meines Herzens

Friedrich Hoffmann,

Doctoren der Heilkunde, aus Preußen;

und

Christian Poggendorff,

Candidaten der Pharmacie, aus Hamburg

zugeeignet.

Euch, Ihr Lieben, weihe ich die Früchte meiner Forschungen. — Die frohsten und glücklichsten Stunden, die der Freundschaft und Wissenschaft gewidmet waren, habt Ihr mir durch Euren Umgang und Eure Liebe gegeben; dieß öffentlich anerkennen zu können, gewährt mir einen unaussprechlichen Genuß. —

Euer

Runge.

Vorrede.

Nach einem harten Kampfe, der alle Körper- und Geisteskräfte in Bewegung setzte, ist zunächst für Deutschland eine schöne Ruhe eingetreten, die den freyen, entfesselten Geist wieder mit der Wissenschaft in innigere Beziehung bringt.

Es ist jetzt eine herrliche Epoche für dieselbe hereingebrochen, die durch eine Regsamkeit und durch einen Eifer, wie noch nie sich auszeichnet. —

Mit erneueter Kraft hat sich ein herrliches, geistiges Leben unter uns Deutschen gestaltet und verspricht eine treffliche Ausbeute für die Zukunft. In allen Zweigen des Wissens stehen Männer an der Spitze, die den ächt wissenschaftlich gesinnten Deutschen mit einer innigen Freude erfüllen müssen, denn — er kann sie als seinem Vaterlande angehörig nennen.

Das cosmische Leben, den Lebens- und Bewegungsproceß der Himmelssphären, beobachten und erforschen Männer, von denen ein Bode, ein Olbers, ein Gauß nur genannt zu werden brauchen, um Ehrfurcht einzuflößen. Mit der Enträthselung des tellurischen Lebens, der Meteorologie, ist ein Gronow, ein Gerdum, ein Stark ꝛc. beschäfftigt, und sorgfältig bemüht, die hier sich mannigfaltig durchkreuzenden Einwirkungen auf feste Gesetze zu bringen.

Nicht minder wie diesen cosmisch-tellurischen Vorgängen ist den Lebenserscheinungen der organischen und anorganischen Welt eine sorgfältige Bearbeitung und Untersuchung zu Theil worden. — Ein Oken bringt Harmonie und Einheit in die schätzbaren und mannichfachen Forschungen und Entdeckungen der Zoologen, Physiologen ꝛc. Ein Kieser faßt das Chaotische der Medizin in ein systematisches Ganze zusammen, wie es die Welt noch nie gesehen. — Eine Menge würdiger Männer, deren Anzahl uns die Nennung ihrer Namen unmöglich macht, bereichern Botanik, Zoologie ꝛc., und ein Rudolphi, ein Bremser fördern die Kenntniß des Lebendigen im Lebendigen, indeß ein Weiß in den erstarrten Erdkräften (Cristallen) die mathematische Gesetzmäßigkeit nachweist.

Der theoretische oder spekulative Theil der Mineralchemie erfreuet sich der Bearbeitung eines Ruhland, eines Kastner, der stöchiometrische der eines Döbereiner, eines Bischoff, eines Meinecke, indeß der empirische durch Männer wie Hermbstädt, Strohmeyer, Lampadius, Pfaff, Tromsdorff rc. bereichert wird; kein Wunder also, wenn die Mineralchemie unter der sorgfältigen Pflege solcher Männer ihrer Vollendung mit schnellen Schritten entgegen eilt. Kurz alle nur möglichen Zweige des naturhistorischen Wissens (auf dessen Betrachtung wir uns hier beschränken) werden bearbeitet und gefördert, alle haben Männer an ihrer Spitze, die ihrem Dienste ihr irdisches Daseyn gewidmet haben. Männer, die jeden, der ähnliche Regungen in sich spürt, zur Nachahmung und Nacheiferung auffordern müssen.

Nur eine der hierher gehörigen Wissenschaften, steht verwaiset, unerkannt und unbeachtet da, es ist die Pflanzenchemie. Um sie kümmert sich niemand, kaum ahnet man eine Möglichkeit ihrer Existenz, daher an ein wirkliches Entstandenseyn derselben bisher noch nicht zu denken war — sie schlummert noch still in düsterer Nacht, indeß die Mineralchemie am Horizont der Stöchiometrie ihr Erwachen feyert.

Mit dem allgemeinen Namen „Chemie" war man bisher gewohnt, eine Wissenschaft zu bezeichnen, die über das ganze Mineralreich sich erstreckt, hingegen das Pflanzen- und Thierreich nur obenhin und oberflächlich berührt. Die Wörter: Mineralchemie, Pflanzenchemie, Thierchemie sind noch nie mit Erfolg als von einander specifik verschiedene Ganze ausgesprochen worden, alles kam unter die allgemeine Benennung „Chemie", die aber bis dahin nichts weiter als Mineralchemie war. Der Idee, daß Mineral-, Pflanzen- und Thierchemie sich zu einander verhalten wie $n^1 : n^2 : n^3$, hat man bisher keinen Raum gegeben, da sich dieß Verhältniß doch aus einer ganz einfachen Vergleichung zwischen Mineral, Pflanze und Thier ergiebt. Man hat vielmehr dieses Verhältniß umgekehrt, hat Pflanzen- und Thierchemie der Mineralchemie untergeordnet; das Pflänzliche und Thierische nicht nur mineralchemisch bearbeitet, sondern auch beurtheilt. Daher kennt und ahnet man die wahre Pflanzenchemie auch nicht, was man bisher zuweilen mit diesem Namen belegte, ist eitel Hirngespinst und leere Träumerey, die der Sinnige nicht achtet, und kaum einiger Aufwerksamkeit werth halten kann, weil sie ihn keinesweges befriedigt. — Derley Betrachtungen, die sich dem Verf. so oft aufdrängten, veranlaßten ihn endlich, die Pflanzenchemie vorzugsweise zu seinem Studio zu machen, und einige gemachte Entdeckungen, die ihm von großer Wichtigkeit schienen, weiter zu verfolgen. Zeit, Mühe und sonstige Aufopferungen wurden daran gesetzt, um ein in der Idee gestecktes Ziel zu erstreben. Der mit gutem Glück eingeschlagene Weg wurde theoretisch und praktisch weiter verfolgt, und so entstand dieses Werkchen, was der Verf. jetzt dem Publikum zu übergeben wagt.

Es ist ein eignes Gefühl, wenn man zum ersten Mal mit den Resultaten seiner Forschungen vor das Forum eines großen Publikums tritt, und das Urtheil gewiegter Männer erwartet — es ist eine eigne Stimmung, ein Gemisch von Freude, Hoffnung und Scheu, die sich hinzugesellt, wenn man zugleich den Gedanken wagen darf, der Wissenschaft, welcher man seine Kräfte widmete, auch einen kleinen Vorschub gegeben zu haben. — Doch was vermag ein Einzelner? — Er erliegt schier unter der Last der Arbeiten, wenn er sich mit einer Wissenschaft zu befassen wagt, die fast noch gar nicht bearbeitet worden, deren erste Grundpfeiler er sogar errichten soll! Hier muß er Hülfe und Beystand haben, wenn das Gebäude aufgeführt und bewohnbar werden soll. — Mehrere müssen daher zusammen wirken, um nur erst die jetzt sogar noch fehlenden Baumaterialien zusammen zu bringen, damit sich in Zukunft ein Ganzes daraus gestalte. Es gilt zu dem Ende, für die Phytochemie zu werben und zu ihrer speciellen Bearbeitung aufzufordern: vorzugsweise nimmt aber der Verf. in dieser Hinsicht seine deutschen Landsleute in Anspruch, ihm bey diesem großen Unternehmen hülfreiche Hand zu leisten, der Pflanzenchemie nach Kräften ihre Aufmerksamkeit zu widmen, und sie aus ihrer Dunkelheit zu ziehen, um durch dieselbe die so lang entbehrten Stützpunkte einer Pflanzenphysiologie, einer Materia medica aus dem Pflanzenreich, und endlich einer Zoochemie (die nur auf die Pflanzenchemie fußt) zu gewinnen.

Auf dem einmal betretenen Wege fortzuschreiten, ist daher des Verfassers ernster Vorsatz, die Bekanntmachung seiner übrigen schon gemachten und noch zu hoffenden phytochemischen Entdeckungen sollen in Lieferungen folgen, wovon die zweyte hoffentlich in einem halben Jahre erscheinen wird. — So unermeßlich und ausgebreitet das Pflanzenreich selbst ist, so groß ist auch das Feld zu den in ihm zu machenden chemischen Entdekkungen, und darum wohl werth, daß eine Zeitschrift bestehe, worin sie niedergelegt, zusammengestellt und in Verbindung mit höhern Gesichtspunkten dem Publikum vorgelegt werden. Diesem hohen Zweck sollen unsere „phytochemischen Lieferungen" entsprechen, sie sollen streben, das für die Phytochemie zu werden, was Schweigger's Journal für die Mineralchemie, was Gilbert's Annalen für die Physik, was Hufeland's Journal für die praktische Heilkunde, was Kieser's Archiv für den menschlichen Magnetismus sind rc. Diesem ist aber, wie gesagt, nicht Einer gewachsen, ein energisches Zusammenwirken Mehrerer wird dazu erfordert! Es wird uns daher sehr angenehm seyn, wenn deutsche Chemiker, die der Phytochemie ihre Aufmerksamkeit widmen wollen, uns mit Beyträgen gegen ein angemessenes Honorar, beehren. Es versteht sich, daß nur Original-Abhandlungen oder eigentlich nur neue Entdeckungen im Bereiche der Pflanzenchemie aufgenommen werden können, um den Zweck dieser periodischen Schrift, (die übrigens ganz zwanglos erscheint) zu entsprechen *). Die Zusicherung einer solchen Mithülfe ist uns schon von

*) Die Abhandlungen werden an die Verlagshandlung adressirt.

mehreren Seiten geworden. Einer unserer sehr lieben Freunde wird sich ganz speciell mit der kristallographischen Bestimmung der formbaren salzartigen Verbindungen aus den von uns entdeckten vegetabilischen Säuren mit den mineralischen Basen (Alkalien) beschäftigen, wodurch sich dann aufs bestimmteste die Eigen- oder Nichteigenthümlichkeit jener Säuren ergeben wird. Ein zweyter Freund wird uns bey den stöchiometrisch zu bestimmenden, neuentdeckten (dynamisch wiksamen) Basen hülfreiche Hand leisten, um so die mathematische Grundlage einer Materia medica vorzubereiten.

Außerdem hat sich der Verf. mit einer Anzahl junger Männer verbunden, denen das Wohl der Wissenschaft am Herzen liegt, und die in Zukunft unter dem Namen „phytochemische Gesellschaft" auftreten wird, deren Hauptgrundsatz der ist, daß keiner Mitglied werden kann, der sich nicht wenigstens durch einige phytochemische Entdeckungen dieser Auszeichnung würdig gemacht hat. — Sie wird so immer klein, aber um so kräftiger seyn. —

Was unsere Arbeit im vorliegenden Werk betrifft, so thun wir uns auf unsere „lebendigen Reagentien" und auf unsere neue Zerlegungsweise etwas zu Gute. Mancher wird uns die Ehre der letztern Entdeckung streitig machen, und uns beweisen, daß schon viele die Bleysalze bey ihren Analysen anwandten. Dieß ist jedoch kein Einwand, denn es handelt sich hier nicht um die bloße empirische Anwendung, sondern um die wissenschaftliche Erkennung der Nothwendigkeit der Anwendung. Dieses glauben wir uns zueignen zu müssen, da wir gezeigt haben, daß die indifferenten Lösungsmittel fast immer nur Neutralia ausziehen (die man bisher für einfach hielt), welche erst in Base und Säure geschieden werden müssen. Was die aufgeführten Basen betrifft, so sind wir für ihre Eigenthümlichkeit vollkommen Bürge — ihre Reaction gegen dynamische Reagentien läßt keinen Zweifel übrig. Daß sie wohl noch reiner hätten dargestellt werden können, wollen wir nicht verneinen und wünschen, daß Andere es versuchen mögen.

Bey der Auffindung einer vegetabilischen Säure ist man mit ihrer nähern Bestimmung und Benennung gewöhnlich gleich fertig, sie muß entweder Klee-, Aepfel-, Wein- oder Essigsäure rc. seyn, als wenn die Entstehung von noch mehr Säuren im Pflanzenreich nicht möglich wäre. Der Verf. ist auch hier von dem gewöhnlichen Verfahren abgewichen, und hat seine Säuren, die alle von den bekannten viel Abweichendes zeigten, als eigenthümliche betrachtet und aufgeführt, fernere Versuche mögen diesen Schritt, den die wissenschaftliche Ansicht gebot, rechtfertigen.

Mit den Analysen werden wir auf die Weise fortfahren, wie es in dem vorliegenden Werke geschehen, wobey wir uns fürs erste noch an die offizinellen Pflanzen halten, um so nach und nach dem Arzte das Dynamisch-wirksame, der von ihm gebrauchten Arzneykörper vorzuführen, und ihn mit dem eigenthümlichen Verhalten dieser Stoffe gegen Reagentien nicht nur gegen leblose oder anorganische, sondern auch gegen die lebendigen bekannt zu machen. Nur auf solche Weise greift die Chemie mit Erfolg in die Heilkunde und ihre Dienerinn, die Materia medica ein.

An dem bis jetzt Vorhandenen sind die Aerzte immer kalt und spottelnd vorübergegangen, und gewiß nicht mit Unrecht; denn der Verf. spricht mit voller Ueberzeugung, die das Resultat seiner Versuche ist, aus, daß fast alle bisherigen Pflanzenzergliederungen unrichtig und das angegebene Stoffverhältniß der meisten Pflanzen grundfalsch sey, dieß heißt viel behauptet, aber es ist so! — Mehrere Beweise für diese Behauptung geben gegenwärtige Lieferungen; aber die Hauptfakta werden unsere Beweise der Nichtexistenz des Extractivstoffs, Seifenstoffs und Gerbstoffs geben, die bald dem Publikum vorgelegt werden sollen.

Unsere periodische Schrift wird auf solche Weise als ein Opponent der jetzt erscheinenden, mit unrichtigen und einseitigen Pflanzenanalysen geschwängerten, vorzüglich der Pharmazie gewidmeten, Schriften, als da sind: Journale, Repertorien, Taschenbücher ꝛc. auftreten, und ihre Arbeiten auf experimentellem und theoretischem Wege würdigen. Es wird sich hiedurch ein Kampf entflammen, dessen Ausgang nur von Nutzen für die Wissenschaft seyn kann, der Himmel gebe uns nur Kraft und Muth, ihn würdig durchzukämpfen. —

Berlin, den 31sten December
1819.

Der Verfasser.

Inhalt.

Erstes Capitel.

Phytochemische Prinzipien.

Zweytes Capitel.

Reagentien.

Drittes Capitel.

Zerlegungsweise der Pflanzen.

Viertes Capitel.

Fünftes Capitel.

Sechstes Capitel.

Siebentes Capitel.

Achtes Capitel.

Neuntes Capitel.

Zehntes Capitel.

Elftes Capitel.

Berichtigungen.

Seite 9	Zeile 20	von oben statt: hätte lies: hatte.
— 11	— 6	v. u. lies: und der durch sie auszumittelnden dynamischen Qualität.
— 18	— 2	v. u. statt errissen lies: zerrissen.
— 24	— 1	v. u. statt er lies: der.
— 36	— 8	v. u. lies: der der Organismus ꝛc. das Gleichgewicht hält.
— 64	— 1	v. u. lies: den präparirten Frosch.
— 68	— 3	v. u statt intressant lies interessant, (kommt mehrere Male vor.)
— 83	— 11	v. u statt: dann halbe lies: dann alle halbe.
— 96	— 8	v. u. statt: Sullagsäure lies: Ellagsäure (nehmlich Galle umgekehrt).
— 133	— 5	v. o. statt: vieler andern Pflanzen,. lies: vieler anderer Pflanzen.
— 148	— 15	v. o. statt: das durchs Rösten, lies: des durchs Rösten.
— 161	— 13	v. u. setze: „gegen Reagentien" nach neutralisirenden Säuren.

Erstes Capitel.

Phytochemische Prinzipien.

I. Mineralchemie.

§. 1.

Die Mineralchemie ist die Wissenschaft von dem Stoffverhältniß der anorganischen Natur.

§. 2

Sie zerfällt wie jede sogenannte empirische Wissenschaft in drey Theile: in den empirischen, mathematischen und speculativen Theil.

§. 3.

Der empirische kann mit Recht der mineralchemische heißen, weil man eine lange Zeit hindurch nichts weiter kannte, und diesen einzelnen Theil der Chemie mit dem Namen Mineralchemie belegte, bis Richter aufstand und durch seine Stöchiometrie ein neues Licht anzündete. — Der empirische Theil beschäftigt sich mit der Darstellung und nähern Charakteristik des Stoffs.

§. 4.

Der mathematische, oder chemisch ausgedrückt, stöchiometrische Theil ist das Resultat des Forschens neuerer Zeit (§. 3.). Er weist die Gesetzmäßigkeit in den chemischen Verbindungen nach und erforscht die bestimmten Mischungsverhältnisse, die sich durch Zahlen ausdrücken lassen.

§. 5.

Der speculative Theil der Mineralchemie ist im Grunde noch unbekannt, er ist es, den der Verf. den mineralogischen Theil nennen möchte. Seine vorzugsweise zu lösende Aufgabe ist: über die Art der Combination oder über das Wie? des Vorhandenseyns der Stoffe in den Mineralien selbst, Aufschluß zu geben. — Auch der Mineralchemiker muß sein Object: das Mineral stets als ein (wenn gleich anorganisches) Ganzes vor Augen haben, und muß die hier bildenden, gestaltenden und modificirenden Kräfte zu erforschen suchen. Dieser Theil ist die Grundlage der Physiologie der Mineralien, einem Theile der Mineralogie.

II. Die Phytochemie und ihr Verhältniß zur Mineralchemie.

§. 6.

Die Phytochemie ist Mineralchemie wiederholt in einer höhern Potenz.

§. 7.

Das Object der Mineralchemie ist das Mineral, das der Phytochemie die Pflanze und die Definition beider Disciplinen wird durch die ihrer Objecte gegeben.

§. 8.

Das Mineral ist ein Träges, Erstarrtes, Massiges im Verhältniß zur Pflanze und zum Thier; die Pflanze hingegen stellt sich als ein Wandel- und Veränderbares, kurz als ein Lebendiges dar. Die Chemie als die Wissenschaft von dem Stoffverhältniß beyder ist demnach einerseits als Mineralchemie diejenige, die das Rohere, gleichsam Todte erforscht, hingegen als Phytochemie sich mit dem Organisirten, Lebendigen befaßt.

§. 9.

Denn gleichwie todt und lebendig einen Gegensatz bilden, so Mineral und Pflanze, und eben so Mineralchemie und Pflanzenchemie. — Sie sind dem Wesen ihrer Objecte entsprechend, Gegensätze, und keinesweges, wie bisher immer geschehen, unter dem allgemeinen Namen „Chemie“ als identisch zunehmen.

Anm. 1. Von einer Phytochemie als Wissenschaft hat man bisher kaum Ahnung gehabt. — Auf Hochschulen wird bis jetzt nur Mineralchemie gelehrt, auch enthalten die Compendien größtentheils nur diese. — Das Phytochemische wird nur so obenhin durch Anführung etlicher und vierzig aufgefundener Pflanzenstoffe, wovon noch der größte Theil problematisch ist, berührt.

Anm. 2. Ein für die Pflanzenchemie sehr wichtiges Ereigniß ist unstreitig die Erscheinung des Werkes „Die Entwicklung der Pflanzensubstanz rc. von Dr. Nees v. Esenbeck, Dr. Bischof und Dr. Rothe, Erlangen 1819.“ — Wenn diese Männer fortfahren, der Pflanzenchemie ihre Aufmerksamkeit zu widmen, so wird sie große Fortschritte machen. Der Verf hat bis dahin zu wenig Muße gehabt, das Werk zu studiren, enthält sich daher noch allen weitern Urtheils.

§. 10.

Die Genesis der Pflanze bezeichnet auch die Genesis der Pflanzenchemie. — Wie das Lebende, Organische sich aus dem Todten, Anorganischen evolvirt: so die Pflanze aus dem Mineral, so die Pflanzenchemie aus der Mineralchemie.

§. 11.

Was sich aus dem Anorganischen entwickelt, muß dieses selbst in sich aufnehmen, in sich enthalten. — Daher ist das Lebendige nicht ohne das Todte, die Pflanze nicht ohne das Mineral und somit auch Pflanzenchemie nicht ohne Mineralchemie.

Hieraus ergiebt sich der Zusammenhang beider, so wie auch das Wesentliche ihres gegenseitigen polaren Verhältnisses, das = n′ : n² ausgedrückt werden kann.

§. 12.

Diesemnach steht die Phytochemie nicht der Mineralchemie gegenüber, wie ein Pol dem andern, denn wäre dieß, so wären sie gleichwerthige Factoren, sondern wie zwei Pole gegen einen Pol, so daß die Phytochemie eigentlich noch einmal so viel ist als die Mineralchemie.

§. 13.

Dieß läßt sich auch so erweisen: Das Mineral ist ein Einfaches im Verhältniß zur Pflanze, die Pflanze aber ein Doppeltes im Vergleich mit dem Mineral, nehmlich Mineral mit Leben begabt oder philosophisch ausgedrückt: die Pflanze ist das lebendig gewordene Mineral. Auf gleiche Weise verhält sichs mit der Phytochemie, die auf der Mineralchemie fußend, durch Aufnahme des Lebendigen oder Dynamischen der Pflanze zu einer in sich geschlossenen Wissenschaft sich potenzirt, die der Definition der Pflanze entsprechend, eine lebendig gewordene Mineralchemie genannt werden kann.

§. 14.

Ohne Mineralchemie giebt es also keine Pflanzenchemie, gleichwie ohne Mineral keine Pflanze — das Mineralchemische ist in der Pflanze zum höhern Seyn erhoben, und die Pflanzenchemie sucht dieß höhere Seyn zu erfassen und zu enträthseln.

Rückblick.

§. 15.

Fassen wir noch einmal das Gesagte kurz zusammen, so läßt sich der Unterschied zwischen Pflanzen- und Mineralchemie noch schärfer so stellen: Wie das Mineral charakterisirt ist durch Masse und Bestand, die Pflanze hingegen durch Kraft und Wechsel, so hats die Mineralchemie mit dem Materiellen, Beständigeren, die Pflanzenchemie mit dem Dynamischen Wandelbareren vorzugsweise zu thun, und jener entsprechen mehr materielle, dieser mehr dynamische Behandlungsarten.

III. Wissenschaftliche Eintheilung der Phytochemie.

§. 16.

Die Phytochemie als die Wiederholung der Mineralchemie in der höhern, pflänzlichen Form, zerfällt wie diese in drey Haupttheile, nehmlich in den empirischen, mathematischen und speculativen Theil (§. 2—5.)

§. 17.

Der empirische, welchen der Verf. den phytochemischen nennt, repräsentirt den empirischen Theil der Mineralchemie, auf einer höhern, dem Wesen der Pflanze angemessenen Stufe. Er beschäftigt sich mit der Darstellung und nähern Charakteristik der Pflanzenbestandtheile, und hat daher zwei Abschnitte:

1. den analysirenden, darstellenden oder scheidenden,
2. den distinguirenden, Qualitätbestimmenden.

§. 18.

Der mathematische Theil heißt chemisch ausgedrückt der stöchiometrische. Er erforscht die Gesetze der Verbindungen der Pflanzenstoffe und der Verbindungen der Pflanzenstoffbestandtheile, so daß man ihr quantitatives Verhältniß durch Zahlen ausdrücken kann (§. 4.)

§. 19.

Der speculative Theil, den der Verf. den phytophysiologischen nennen möchte, weil er die chemische Grundlage der Pflanzenphysiologie ausmacht, bildet einen directen Gegensatz zum empirischen und hat es mit Enträthselung der Art des Vorhandenseins der Stoffe in der belebenden Pflanze vorzugsweise zu thun. Er hat also das durch die Empirie Gegebene gehörig zu deuten und zu würdigen, und muß, wenn jene nur den analytischen Weg gehen kann, den umgekehrten, den synthetischen einschlagen. Er muß das in der Idee reconstruiren und wiederschaffen, was jene durch die Analyse zernichtet hat.

§. 20.

Zwischen beide Pole tritt die Stöchiometrie als vereinigendes, verbindendes Mittelglied, das beiden angehört, und sie so zu dem harmonischen Ganzen verbindet, was wir im allgemeinen mit dem Namen „Phytochemie" bezeichnet haben.

A. Empirischer Theil der Phytochemie.

Erster Abschnitt.

Analyse: Darstellung und Isolation der Stoffe.

§. 21.

Es lassen sich auf geschichtlichem Wege drey Analysirmethoden unterscheiden, die von sehr verschiedenem Werthe sind, nehmlich:

1. die pyrochemische oder Combustionsmethode,
2. die hydrochemische oder Extractionsmethode,
3. die halochemische oder Präcipitationsmethode.

§. 22.

1. Die pyrochemische oder Combustionsmethode.

Sie hat nur geschichtlichen Werth. — Die Alten hatten sich ihrer aus Mißkennung des Wesens der Pflanzen ergeben. Ihr Rösten, Brennen und Destilliren der Pflanzen gab nur negative Resultate.

§. 23.

2. Die hydrochemische oder Extractionsmethode.

Sie war das Resultat der Rückkehr von den Verirrungen der Alten, und hat bei allen bisherigen Phytochemikern einen solchen Eingang gefunden, daß der allergrößte Theil der Pflanzenanalysen in nichts weiterem besteht als in Angabe derjenigen Stoffe, die man mit Hülfe der (chemisch-) indifferenten Lösungsmittel: Alkohol, Aether, Weingeist und Wasser aus den Pflanzen extrahirt hat.

In die Periode der Anwendung dieser Methode, die leider noch nicht vorüber ist, fallen die absurden und einseitigen Annahmen eines Extractivstoffs, eines Seifen- und gummösen, eines harzigen und mucösen Stoffs. — Selbsttäuschung und Mißkennung des wahren chemischen Stoffverhältnisses der Pflanzen konnte diesen Unrichtigkeiten fast an 30 Jahre lang unbedingten Glauben und Zutrauen der Chemiker sichern. Man vermeinte an dem überall, in jeder Analyse gespensterartig erscheinenden Extractivstoff etwas zu haben, der jedoch nach einer höhern Ansicht des Phytochemischen sogleich in sein Nichts sich auflösen muß.

Anm. Weil die hydrochemische Methode scheinbar mehr Ausbeute gab als die pyrochemische, so täuschte man sich, und glaubte nun den rechten Weg zur Pflanzenanalyse gefunden zu haben. Allein der Irrthum kommt jetzt zu Tage. — Eine Verfahrungsart, die aus den an Form und Wesen so heterogenen Pflanzen immer ein und dasselbe, immer nur Extractivstoff und Consorten herausklaubt, ist für sich allein angewandt, gewiß nicht die wahre, und ihre Resultate werden bald nur noch geschichtlich von Intresse seyn. — —

§. 24.

3. Die halochemische oder Präcipitationsmethode.

Ist neu und ihre allgemeine Anwendung gehört dem Verfasser an. — Sie ist bisher nur hie und da und mehr zufällig und bewußtlos geübt worden.

Im Verein mit der hydrochemischen Methode giebt sie den sichersten Weg an die Hand, das überall polar auftretende phytochemische Stoffverhältniß zu ergründen. Den Beweis ihrer Zweckmäßigkeit und Zulänglichkeit trägt sie übrigens in sich selbst, und die im Verfolg dieses Werks anzuführenden Entdeckungen, die der Verf. ihrer Anwendung größtentheils verdankt, sind genugsam Bürge dafür. (Das Weitere siehe Cap. III. Zerlegungsweise).

Vergleichung.

§. 25.

Betrachtet man die große Menge der vorhandenen Pflanzenanalysen mit kritischem Blicke, so wird klar, daß man in der nähern Charakteristik und Qualitätbestimmung der Pflanzenstoffe wenig von dem Verfahren abwich, was in der Mineralchemie galt, man kümmerte sich meist nur um die chemische Qualität des Pflanzenstoffs. — Was man aber hier zu viel that, geschah auf der andern Seite zu wenig, denn in der Darstellungsweise der Stoffe, die ganz der der Mineralien (nehmlich in der Präcipitationsmethode) analog seyn sollte, wich man vom rechten Wege ab, ohne sich davon Rechenschaft geben zu können, weil man nur blind tappte und keine leitende wissenschaftliche Prinzipien hatte. — Welcher Chemiker hat aber wohl je ein Mineral durch bloßes Behandeln im Feuer (pyrochemische Methode), oder durch bloßes Extrahiren mit Lösungsmitteln (hydrochemische Methode) chemisch erforscht? — Wie unrichtig war es also, diese bei den Pflanzen anzuwenden! Eine Verfahrungsart, wodurch man das Mineral nicht zerlegt, wird die Pflanze gar nicht zergliedern! Ueberdieß bewirken Lösungsmittel: Aether, Alkohol, und größtentheils auch Wasser keine Trennung der chemischen Pole (Säure und Base), sondern nehmen nur das Neutrale, nur die Verbindung von Base und Säure auf. Die hydrochemische Methode hätte es also nie mit einfachen, sondern stets mit zusammengesetzten Stoffen zu thun, wie ihr Chinchonin, ihr Crocin, ihr Rhabarberin beweist (vergleiche die Analysen).

Zweiter Abschnitt.

Qualitätsbestimmung, Verhalten gegen Reagentien.

§. 26.

Dieser Abschnitt ist dem Vorigen geradezu entgegengesetzt und verhält sich zu ihm wie Qualität zur Quantität, wie Kraft zur Masse. Wenn es im erstern genügte anzugeben, auf welche Art man einen Stoff erhält, so muß hier gezeigt werden, was man erhalten hat, kurz die qualitativen Beziehungen des Stoffs müssen erforscht und nachgewiesen werden.

§. 27.

Die Qualität eines Stoffs ist nur durch die Wechselwirkung mit einem andern Stoff (Körper oder Potenz), mit dem man ihn in Conflict bringt, zu ergründen. Alles, was hiezu dient, wird in der Chemie Reagens genannt. Das Reagens ist ein Qualitäterforscher. — Es giebt so viele Reagentien, als es Stoffe und Potenzen in der Natur giebt!

§. 28.

Man kann nach einer allgemeinen Ansicht der Körperwelt drei Stufen in derselben unterscheiden:

1. die cosmische oder physicalische,
2. die anorganische oder mineralchemische,
3. die organische oder dynamische Stufe.

§. 29.

Entsprechend dieser Eintheilung zerfallen nun auch die Qualitätsbestimmer oder Reagentien in drei große Abtheilungen:

1. Cosmische oder physikalische Reagentien.
   Sie sind entweder mehr dem solaren Pol angehörig, als: Licht, Wärme, Schwere, oder dem tellurischen: als Wasser, Luft, Erde und Voltaismus.
2. Anorganische oder mineralchemische Reagentien.
   Die (indifferenten Lösungsmittel?) Laugen, Säuren, Salze.
3. Organische oder dynamische Reagentien.
   Hieher gehört alles, was lebendig ist von der Pflanze und dem niedersten Wasserthier, bis zum edelsten Organ des höchsten Thiers.

§. 30.

Durch die Anwendung dieser Reagentien enthüllt sich uns die Qualität des Stoffs auf eine dreifache Weise. Durch die Wechselwirkung mit den cosmischen Reagentien entdecken wir seinen physicalischen, durch die mit den anorganischen seinen mineral-chemischen, und endlich durch die mit den organischen seinen dynamischen Qualitätswerth.

Eine Phytochemie, die eine Reihe dieser Qualitätsbestimmer außer Acht läßt, ist nothwendig einseitig, genügt den Forderungen der Wissenschaft nicht, und bleibt immer, statt vorwärts zu schreiten, auf einem Punkte stehen — dieß läßt sich geschichtlich erweisen.

§. 31.

Die Alten blieben bei der Anwendung einiger physikalischer Reagentien, namentlich des Feuers (Licht und Wärme) stehen, und waren hauptsächlich bemüht, die Zersetz- und Nichtzersetzbarkeit, die Feuerbeständigkeit oder Flüchtigkeit eines Stoffes auszumitteln.

§. 32.

Die Neuern stellten dieß Verbrennen und trockene Destilliren größtentheils ein, und gelangten durch die Entdeckungen in der Mineralchemie einen Schritt weiter, und wandten außer den physicalischen die mineralchemischen Reagentien in großer Menge und in großem Umfange an. — Aber sie waren durch das energische Emporkommen der Mineralchemie so geblendet, daß sie von lebendigen Reagentien und die durch sie auszumittelnde dynamische Qualität des Stoffs keine Ahnung hatten. Bei Manchen ging sogar die Verblendung so weit, daß sie sich nicht scheueten, von der mineral-chemischen Reaction des Stoffs Rückschlüsse auf die dynamische Wirkung zu machen! — Einige

Mißgeburten der Materia medica nach „chemischen Prinzipien" fallen in diese Periode. —

§. 33.

Simile simili gaudet! — Das Gleiche ist nur durch das Gleiche zu erforschen! — Die dynamische Qualität mitteln nicht chemische, sondern dynamische, lebendige Reagentien aus! — Dieß haben die Phytochemiker ganz übersehen. Die Alten verbrannten Alles: tödteten den Stoff! Die Neuern präcipitirten, solvirten und cristallisirten Alles: tödteten den Geist! — Die lebendigen Reagentien sind sicher ein hoher Triumph für die Phytochemie, und eröffnen ihr ein bis jetzt noch unabsehbares Feld zu Entdeckungen, wovon freilich die bisherige Pflanzenchemie, die nur gewohnt war, ihre Reagentien in Flaschen und Gläser zu bannen, keine Ahnung haben konnte.

§. 34.

Die lebendigen Reagentien sind demnach ein Haupthülfsmittel für den Phytochemiker, ohne sie bleibt die Pflanzenchemie arm und dürftig, wie sie es bisher gesen. Unaufhaltsam muß sie sich aber jetzt durch die allgemeinere Anwendung derselben über alles Lebendige verbreiten, und so gleichsam in die Gebiete der Physiologie und Therapie hinüberstreifen, ohne sich jedoch mit diesen Disciplinen zu amalgamiren. Sie bleibt in ihrer phytochemischen Sphäre, und steht zu jenen in einem umgekehrten Verhältnisse. Dem Physiologen und Therapeuten gilt der lebende Organismus Alles, er ist ihm Zweck, indeß der pflänzliche Stoff, den er auf ihn einwirken läßt, im eigentlichsten Sinne des Wortes nur Mittel ist. So nicht beim Phytochemiker. Ihm ist das Mittel, (der Pflanzenstoff) Zweck, der lebendige Organismus als Reagens nur Mittel, um ihn (den Stoff) zu erforschen; wobei es ihm völlig gleich gilt, ob das Reagens zu Grunde geht oder nicht.

B. Mathematischer Theil.

§. 35.

Die Stöchiometrie, als das Product der Forschungen neuerer Zeit, macht die Phytochemie, sich zwischen ihre beiden Extreme harmonisch in die Mitte stellend, erst zur vollendeten Wissenschaft.

§. 36.

Da sie die Gesetzmäßigkeit der Verbindungen der Pflanzenstoffe unter sich, der Pflanzenstoff-Bestandtheile (Sauer-, Kohlen-, Wasser-, Stickstoff) untereinander und eben so die der Verbindungen derselben mit den Mineral- und Thierstoffen nachweist und nachweisen soll, (§. 18.), so ist sie von der größten Wichtigkeit, und verdient dieselbe Bearbeitung für die Phytochemie, wie es bereits für die Mineralchemie geschehen. Die Möglichkeit, auch diese chemischen Verbindungen dem Calcul zu unterwerfen, wird uns auch hier zu interessanten Entdeckungen führen, die der Zukunft noch aufbehalten sind. — Bis jetzt erfreute sich die Stöchiometrie noch wenig solcher Untersuchungen, jedoch ist die Bahn dazu in Deutschland von dem um die Stöchiometrie so sehr verdienten Döbereiner gebrochen worden.

C. Speculativer Theil.

§. 37.

Er geht den umgekehrten Weg wie der Empirische, weil er ganz den entgegengesetzten Forderungen entsprechen muß (§. 19.). Die Empirie zerstört durch die Analyse das natürliche, ursprüngliche Stoffverhältniß, wie es in der lebenden Pflanze vorhanden ist und schafft ihnen gleichsam ein neues Seyn, was der Verf. im Vergleich mit dem ursprünglichen, primären Seyn (in der lebenden Pflanze) das secundäre nennt. Die Speculation schauet dieß primäre, ursprüngliche Seyn entweder unmittelbar an, oder gelangt doch dazu durch eine richtige Deutung des durch die Analyse erzeugten secundären Seyns. In sofern giebt sie die chemische Grundlage einer wissenschaftlichen Pflanzenphysiologie ab, und verdient mit Recht den Namen des phyto-physiologischen Theils der Pflanzenchemie.

§. 38.

Wie jedes Individuum ein individuelles Leben führt, wodurch es mit seines Gleichen (mit dem Geschlechtsgegensatz) in nächster Beziehung steht, und ein universelles, wodurch es mit den Außendingen und Umgebungen in Wechselwirkung tritt, so unter Umständen auch jeder Pflanzenstoff.

§. 39.

Sein individuelles Leben, das mit seinem (§. 37.) schon berührten primären, ursprünglichen Seyn parallel geht, ist in der lebenden Pflanze in seiner völligen Integrität, und besteht, chemisch ausgedrückt, in dem polaren Verhalten der Pflanzenbestandtheile zu einander, wodurch sie ein organisches Ganzes: eine salzartige Combination (§. 70.) constituiren. Ein Pflanzenbestandtheil steht hier mit dem andern in so inniger, lebendiger Beziehung, daß ihre gegenseitige Ausbildung das Product ihres Wechseleinflusses ist. Ein basischer Stoff fordert einen sauren als polaren Gegensatz und umgewandt (§. 66 u. f.).

§. 40.

Das universelle Leben des Pflanzenstoffs, das wir als in der Zeit bestehend (§. 37.) mit „secundärem Seyn" bezeichneten, erwacht oder entsteht mit der Zernichtung seines individuellen primären Lebens und Seyns, oder (was gleich viel ist) mit Aufhebung der organischen Stoffverbindung in der lebenden Pflanze. — Das primäre Seyn ist also Product der reinen Naturthätigkeit, das secundäre ist hingegen ein nothwendiges Attribut der zerlegenden Chemie. Die chemische Analyse besteht daher in der Zerstörung des natürlichen Verhältnisses des Stoffs und in Erzeugung eines künstlichen. Der Analysirungsproceß ist daher im ernstlichsten Sinne ein Tödtungs- und Belebungsproceß zugleich, er reißt den Stoff aus der lebendigen Verbindung mit seines Gleichen, um ihn in ein neues Leben, in Wechselverhältnisse mit den Außendingen, den Reagentien einzuführen. Eine Methode, die dieß am besten ohne das normale secundäre Seyn des Stoffs zufährden bewerkstelligt, ist die zweckmäßigste, und giebt der Speculation Stützpunkte, die für die Ergründung des primären Seyns von Wichtigkeit sind. — Man legt noch immer der Chemie zur Last, daß sie die ursprünglichen Verhältnisse zernichte und neue schaffe, dieß können jedoch nur Unkundige thun, denn wer z. B. von der Phytochemie verlangt, daß sie das primäre oder natürliche Seyn des Pflanzenstoffs nicht zerstören soll, der hat ihr Wesen nicht begriffen. — Die Chemie kann nur dadurch einen Körperzustand empirisch erforschen, daß sie ihn zerstört, sie muß das primäre Seyn des Stoffs zernichten, um es kennen zu lernen.

§. 41.

Der Vorwurf, den man gerade um dieses Umstandes willen der Phytochemie gemacht hat, trifft sie demnach ganz und gar nicht. Man kann sie nur tadeln, wenn sie einerseits bei der Abscheidung des Stoffs und seiner natürlichen Verbindung unrichtig verfährt, und statt Stoffe abzuscheiden, Stoffe bildet, und andererseits, wenn sie aus den gemachten Erfahrungen falsche Schlüsse über das primäre Seyn des Stoffs u. s. w. macht. Je naturgemäßer und richtiger sie das erstere bewerkstelligt, desto mehr werden sich die daraus gezogenen Schlüsse über das primäre Seyn der Stoffe der Wahrheit nähern.

§. 42.

Hieraus geht nun genugsam hervor, daß die wissenschaftliche Phytochemie nicht rein empirisch seyn kann, ihr ist daher entsprechend der zweifachen Beziehung ihrer Objecte einmal zu einander, ein andermal zur Außenwelt ein zweifacher Standpunkt angewiesen. Der theoretische oder philosophische, und der praktische oder empirische. Beiden muß der Phytochemiker auf gleiche Weise huldigen, wenn er wissenschaftlicher Forscher seyn will. Weder die Speculation, noch die Empirie führt ihn zum Ziele, zur Wissenschaft. — Was er durch das speculative Forschen gleichsam divinirt, muß er durch das empirische nachweisen, und was die Empirie ihn finden läßt, muß er mit philosophischem Scharfsinn zu deuten und zu würdigen wissen. — Welchen Weg der Phytochemiker zuerst einschlägt, ist völlig gleich, nur darf er nicht auf dem einen allein verweilen, ohne den andern gleichzeitig zu betreten. — Wer sich in der Chemie mit der Empirie brüstet, ist eben so wenig ein Chemiker, als der, welcher in diesem Gebiete philosophischer

scher und empirischer Forschung nichts als die Speculation zur Schau trägt. — Der Naturphilosoph und der Empiriker müssen sich freundschaftlich die Hand reichen, und nicht, wie bisher geschehen, wie feindliche Pole sich fliehen. Ein solches (unnatürliches) Benehmen rächt sich immer selbst, und als lebendiges warnendes Beispiel steht die bisherige Pflanzenchemie da, die als Ausgeburt eines reinen Empirismus sich selbst ein Grab gegraben, das sie bald verschlingen wird!

§. 43.

Hat der Phytochemiker auf dem empirischen Wege (durch die Analyse) den Pflanzenbestandtheil von seinem primären (ursprünglichen) Seyn in sein secundäres (künstliches) eingeführt, so liegt ihm ob, aus den Erscheinungen, die diesen Metamorphosirungsproceß begleiten, d s Wesen des primären Seyns des Stoffs zu enträthseln, was nur auf speculativem oder theoretischem Wege geschehen kann. Hat er aber andererseits, geleitet durch philosophische Prinzipien unabhängig von Erfahrungen herausgebracht, daß das primäre Seyn eines Stoffs so und nicht anders sey und seyn könne, so muß er dieß durchaus empirisch mittelst Enträthselung des secundären Seyns (auf experimentellem Wege) nachweisen, wenn es wissenschaftlich begründet seyn soll. Zwei Beyspiele mögen dieß erläutern: Gesetzt man fände durch empirisches Forschen im Kaffe zwei Bestandtheile, die sich *isolirt dargestellt* (auf ihr secundäres Seyn gebracht) zu einander verhielten wie Base und Säure; so ist diese empirische Erkenntniß der Stoffe nur die ihres secundären Seyns. — Weiter geht die Empirie nicht. — Sie kann durch directe Versuche über das primäre Seyn der beyden Kaffebestandtheile keinen Aufschluß geben, und würde falsch schließen, wenn sie folgerte, der saure und der basische Stoff sey als solcher (wie er ihr erscheint) im Kaffe vorhanden. Hierüber giebt nur das speculative Forschen gehörige Auskunft, und was der Empirie sich verhüllt, liegt vor ihm offen da. Ihm erscheinen Base und Säure als Gegensätze, die nur in der Vereinigung ein Ganzes constituiren, und weil kein Pol ohne den andern existirt, auch nur in organischer Vereinigung im Kaffe vorhanden seyn können; hiermit ist nun das primäre Seyn beider Körper bestimmt.

Ein Beispiel für den zweiten Fall ist dieses: Man deduzire aus der Urform alles Seyns (+ o —) für das chemische Stoffverhältniß der Pflanze den Satz: daß auch hier nach den Gesetzen alles Lebens und Seyns sich alles auf polare Weise gestalten müsse, und daß dem Positiven stets ein Negatives, oder chemisch ausgedrückt: dem Basischen ein Saures gegenüberstehe, die zu einem organischen Ganzen vereinigt sind; so muß dieß a priori gleichsam gefundene Stoffverhältniß empirisch mittelst Ausmittelung des secundären Seyns der Pflanzenstoffe nachgewiesen werden, kurz: Speculation muß die Empirie, Empirie die Speculation ergänzen.

§. 44.

Die bisherigen Phytochemiker haben, weil sie nur Empirie kannten und die Speculation verachteten, auch nur das secundäre Seyn der Pflanzenstoffe erkannt, und auch dieß noch nicht einmal richtig, weil sie auch hier auf Irrwegen sich befanden, daher konnte vom Wesen des primären Seyns auch kaum eine Ahnung seyn. Durch diesen Umstand war das natürliche Band, was die Pflanzenphysiologie mit der Pflanzenchemie verknüpfen sollte, zerrissen, und ist nur durch das emsige Bearbeiten und Ausbilden des speculativen Theils der Phytochemie, als der Grundlage der Phytophysiologie, wieder anzuknüpfen. Es ist den Pflanzenphysiologen nicht zu verdenken, wenn sie einer Phytochemie, wie die bisherige war, den Zutritt in ihre Wissenschaft versagten, und = den wissenschaftlichen Mineralogen nichts von einer Chemie wissen wollen, deren ganzes Geschäft es ist, das secundäre Seyn der Pflanzenstoffe zu erforschen, ohne sich gleichzeitig um ihr primäres, ursprüngliches Verhältniß zu bekümmern. — „Wollt Ihr also der Pflanzenphysiologie eine feste Grundlage gewinnen, so macht Euch an eine genaue Bestimmung und Enträthselung des primären Seyns der Pflanzenstoffe, oder zeigt, (physiologisch ausgedrückt) wie die Stoffe in der lebenden Pflanze vorhanden sind!“ Hier berühren sich offenbar Phytochemie und Phytoanatomie: Wenn die speculative Seite der erstern das Wie? nachweist, so sucht die empirische der letztern das Wo? zu erforschen, beide sind daher nothwendig Hülfsmittel der Phytophysiologie. Die Bestimmungen des secundären Seyns, die mit Tödtung des individuellen Stofflebens nothwendig vergesellschaftet sind, gehen nur indirect den Pflanzenphysiologen an, er muß sie, wenn er sie für seine Wissenschaft nutzen will, auf ihr ursprüngliches Verhältniß reduziren! —

Rückblick.

§. 45.

Vergleicht man das als vorhanden geschichtlich Nachgewiesene, mit dem hier auf speculativem Wege Deduzirten, so wird klar, daß eine Phytochemie im wahren Sinne des Wortes bisher noch völliges Desiderat war. Die Pflanze wurde nur einseitig nach Mineralienweise gehandhabt, und das hieraus hervorgehende Haufwerk zufällig gefundener Facta wagte man Pflanzenchemie zu nennen. — Nur ein Verhältniß, nur eine Seite der Pflanze und ihrer Stoffe, mit einem Wort nur das Todte, Mineralchemische an ihnen (die chemische Qualität) wurde erforscht und berücksichtigt, und darüber das andere eben so wesentliche übersehen und vernachläßigt. Die Pyrochemiker wollten nichts von dem Hydrochemischen, die Anhänger der letztern Zerlegungsweise nichts vom Dynamischen wissen. Der Empiriker schalt der Speculation und umgekehrt. —

Eine wissenschaftliche Phytochemie muß diese verschiedenen Pole vereinigen; sie muß das Feuer, das Wasser (und was dazu gehört), so wie das Lebendige zur rechten Zeit und am rechten Ort zu benutzen verstehen, sie muß Praktisiren und Theoretisiren, um alles leisten zu können, was man von einer solchen Wissenschaft zu fordern berechtigt ist.

§. 46.

Der Gang übrigens, den die Ausbildung der Phytochemie nahm, ist ganz den Gesetzen der Physiologie des menschlichen Geistes ganz seinen Entwicklungsperioden angemessen. Wie der Geist in seiner Thätigkeit von Stufe zu Stufe fortschreitet, anfangs sich ganz dem Auffassen des Gegebenen, dem Empirischen hingiebt und erst nach und nach zu Reflexionen und Speculationen über dieses Gegebene gelangt, so ist er auch in der Phytochemie von der größten Einseitigkeit, von der reinen empirischen Auffassung zur Duplicität, und von dieser zur Triplicität: dem Empirismus, der Speculation und der Stöchiometrie gelangt, und hat somit den Gipfel in dieser sogenannten empirischen Wissenschaft erreicht. Alle drei mußten zusammenwirken, um ihn zu erklimmen. — Möchten doch von nun an die Phytochemiker diese Dreifachheit der Pflanzenchemie stets vor Augen haben, und dieser Beziehung entsprechend, weiter forschen, damit die wissenschaftliche Phytochemie, die auf deutschem Grund und Boden, durch Hülfe der Stöchiometrie entsprang, auch auf demselben, durch das Zusammenwirken Mehrerer, der Vollendung näher gebracht werden.

IV. Die Objecte der Phytochemie oder die Pflanzenstoffe.

§. 47.

Die Stoffe einzeln oder vereinzelt (auseinandergelegt) sind Objecte des empirischen Theils, hingegen als Totum, als organisches Ganzes, Gegenstand der speculativen Betrachtung.

Eintheilung der Pflanzenstoffe.

§. 48.

Man kann die Pflanzenstoffe im Allgemeinen auf dreyfache Weise eintheilen:

1. nach ihrer Dignität, die von ihrer Abstammung oder ihrem organischen Vorkommen hergenommen ist;
2. nach ihrer Qualität, die ihr Verhalten gegen physicalische, chemische und dynamische Reagentien berücksichtigt;
3. nach ihrer chemischen Constitution oder Zusammensetzung (aus Sauer-, Kohlen Stick- und Wasserstoff).

1. Eintheilung nach der Dignität.

§. 49.

Der auf wissenschaftlichem Wege weiter fortschreitenden Phytochemie liegt es ob, eine a priori zu postulirende Congruenz zwischen Form und Stoff der Pflanze nachzuweisen. — Ganz gewiß geht einem bestimmten Organ und seiner eigenthümlichen Form auch ein eigenthümlicher Stoff parallel, und sicher spiegelt sich im chemischen Stoffverhältniß der ganze Entwicklungs- und Bildungscyclus der Pflanze wieder ab. Wie aus der Wurzel sich der Stengel und aus diesem sich das Blatt entwickelt; und eine neue Dreyheit: Blume mit Staubfaden und Griffel sich aus jener entfaltet, und das Nachfolgende immer höher als das Vorhergehende steht, so evolvirt sich ein Pflanzenbestandtheil aus dem andern mit immer höherer Ausbildung und steigendem Werthe, gerade so, wie es sich uns in den Heraufbildungen der Pflanzenorgane und Systeme gleichsam verkörpert vor Augen gestellt hat. — Eine Bearbeitung der chemischen Pflanzenmetamorphosen hat es demnach mit Stoffen zu thun, deren Benennung von ihrer Abstammung (dem Organ oder System, worin sie sich finden) hergenommen ist. In diesem Sinne giebt es Wurzelstoffe, Stengelstoffe, Blattstoffe, Wurzelrinden- und Wurzelholzstoffe, Stengelrinden — Stengelbast-, Stengelholzstoffe u. s. w. Dieß geht nun noch weiter. — Jedes Theilganze ist wieder ein Abbild des Ganzen, jedes Organ repetirt in seiner Art den ganzen Organismus, daher nun auch das Stoffverhältniß der ganzen Pflanze in dem eines einzelnen Systems oder Organs wiederkehrt. So wird es im Blatt z. B. wieder Stoffe höherer und niederer Dignität geben, Stoffe, die der Wurzel, dem Stengel, dem Blatt, und endlich der Blume dem Werthe nach entsprechen, d. h. sich so zu einander verhalten, wie diese Systeme einander gegenüberstehen. Von einer solchen Ansicht geleitet, wäre vielleicht dieß der Empirie aufgegebene Problem, die Stoffdignität empirisch nachzuweisen, zu lösen. Vorläufige Erfahrungen sind schon da: die Pflanzenstoffe durchlaufen die verschiedensten Stufen der Basicität und Acidität; vom entschiedensten sauren und basischen Pole gelangen sie fast zur völligen Indifferenz, so daß man nur durch sehr empfindliche Reagenzien (die Voltaische Säule) ihre chemische Qualität auszumitteln im Stande ist. Hier zeigt sich offenbar eine sehr verschiedene Dignität der Stoffe, die ebenso wie die Stoffverbindungen ihre bestimmten Grade und Uebergangspunkte haben muß.

§. 50.

Es bleibt der Zukunft aufbehalten, diesen hier gleichsam nur geahneten Parallelismus zwischen Organ und Stoff als in der Wirklichkeit vorhanden, nachzuweisen. Wenn Systeme und Organe sich successive heraufbilden zum höhern Seyn, so ist nicht einzusehen, warum dasselbe nicht auch bei der Stoffmetamorphose der Fall seyn sollte. Was die Wurzel nicht erreicht, geschieht im Stengel, was dieser nicht vollbringt, erhält vielleicht erst im Blatt Vollendung, und Stoffmetamorphosen, die der individuellen Thätigkeit des Blattes noch nicht gelingen, treten erst in der Blüte und ihren Theilen in höchster Vollendung auf. So ist z. B. der narkotische Stoff der Datura Stramonium in der Wurzel noch sehr unvollendet und von geringer Wirksamkeit, im Blatt schon vielmehr und häufiger entwickelt, und in der Frucht von größter Intensität. —

In unserer Kartoffel (Solanum tuberosum) macht die Entwicklung des wirksamen, giftigen Stoffs denselben Cyclus. In der Knolle hat sich die Masse (das Nährende) auf Kosten der Kraft (der dynamischen Wirkung) gesteigert, das Giftige sich in Nahrung verwandelt. — Bloß in ihrer äußern Schale finden sich die ersten Spuren von Letzterem, das in Blättern schon ausgebildeter erscheint, und endlich in der Frucht so stark auftritt, daß diese mehreren Thieren schädlich ist.

Anm. Wie durch die Vegetation sich das Dynamisch wirksame aus rohem Stoff der Kartoffelknolle entwickle, beweist das (in Hermbstädts Bulletin des Neuesten u. s. w. Berlin. B. V.) erzählte Factum, wo der aus ausgewachsenen Kartoffeln bereitete Brandtwein narkotische Wirkungen äußerte.

§. 51.

Auf einem andern Wege gelangt man zu dem nähmlichen Resultate. Steht die Blume höher als das Laub, dieses höher als der Stengel, und ist der Stengel von vollendeterer Ausbildung als die Wurzel, so folgt nothwendig, daß Wurzel, Stengel, Laub u. s. w. als in sich geschlossene, durchaus von einander verschiedene Ganze auch bestimmte eigenthümliche Bestandtheile haben müssen, die sich von einander so unterscheiden wie die angeführten Pflanzenorgane und Systeme selbst unter sich differiren. Man sieht, welch ein Wirkungskreis sich hier dem Pflanzenanalytiker eröffnet! — Vergleichend durchgeführte Wurzel-, Stengel-, Laubanalysen u. s. w. sind hier nothwendig und um so wünschenswerther, da sie für die Pflanzenphysiologie von der größten Bedeutung sind.

Anm. Wie verschieden ist nicht der Stengelsaft des Weins von dem der Traube, der Stengelsaft des Apfels von dem des Apfels selbst, der vom Entstehen an bis zum Vergehen in einer immerwährenden Metamorphose begriffen ist. —

2. Eintheilung der Pflanzenstoffe nach der Qualität.

§. 52.

Wir haben (§. 27, 28, 29.) den drey Hauptformen der Körperwelt entsprechend, ein dreyfaches Qualitätsverhältniß der Stoffe unterschieden, nehmlich ein physicalisches, ein chemisches und ein dynamisches als Resultate der Wechselwirkung zwischen dem Pflanzenstoff und den cosmischen, anorganischen und organischen Potenzen (§. 30.)

A. Eintheilung nach der physikalischen Qualität.

§. 53.

Sie geschieht hier 1) nach der Wechselwirkung mit den dem solaren Pol angehörigen Reagentien (§. 29.)|: Licht, Wärme, Schwere; 2) nach der Wechselwirkung der entsprechenden tellurischen: Wasser, Luft, Erde und Voltaismus.

§. 54.

Die Wechselwirkung des Stoffs mit dem Lichte giebt uns als Resultat der Leitung oder Nichtleitung desselben das Phänomen der Durchsichtigkeit oder Undurchsichtigkeit, als Resultat der die Lichtspannung qualitativ modifizirenden Einwirkung: die Färbung u. s. w. Das Quantitative der Lichteinwirkung bestimmen Photometer u. s. w. Das Qualitative der Sinn: das Auge.

§. 55.

Im Conflict mit der Wärme offenbart der Stoff seine Fixität und Flüchtigkeit, seine Schmelz- und Unschmelzbarkeit, u. s. w. Das Quantitative des Wärmeeinflusses mittelt das Thermometer aus, das Qualitative hingegen der Sinn: die Haut.

§. 56.

Die Schwere ertheilt im steten Kampf mit der Materie, dem Körper das absolute und specifische Gewicht, mit dem die Formung oder Cristallisation als ein Product des Cohärismus oder Magnetismus aufs genaueste zusammenhängt.

§. 57.

Das Wasser, als das universale Flüssige des Erdkörpers, sucht Alles in den gleichen Zustand zu versetzen, alles flüssig, chemisirbar zu machen. Ohne Wasser giebt es keinen Chemismus, der mit der Lösbarkeit der Stoffe im Wasser (und allem Flüssigen, was dazu gehört) im geraden Verhältnisse steht. Das Quantitative der chemischen (oder der Wasser-) Action bestimmen wir durch die bei der Lösung und Auflösung statt findenden bekannten Erscheinungen. Das Qualitative durch eins unserer Sinnorgane, durch das des Geschmacks (§. 125.) In dieser Beziehung ist das Wasser ein Reagens für die chemische Qualität, es ruft sie hervor, die wir durch das Geschmacksorgan in unser Gefühl aufnehmen (Schmecken).

§. 58.

Die Luft regt im Wechselkampf mit dem Stoff eine andere Qualität an, die man die electrische nennt. Sie tritt unter gar verschiedenen Zuständen des Stoffs hervor, einmal wenn die Luft den Stoff aufnimmt (ihn verflüchtigt), ein andermal, wenn der Stoff (fest werdend) die Luft zu assimiliren sucht, was sich in dem Hervortreten der electrischen Polarität kund giebt. Das Quantitative dieses electrischen Wechselverhältnisses wird durch sogenannte Electrometer bestimmt, über das qualitativ Verschiedene giebt uns ein Sinn: der Geruch, Aufschluß, von dem das polare Verhältniß zwischen Luft und Stoff gefühlt wird. Die Luft gehört demnach mit Recht unter die physicalisch-tellurischen Reagentien, weil ohne sie die electrische Qualität des Stoffs sich nicht kund geben kann.

§. 59.

Unter Erde ist natürlich alles Feste des Erdkörpers verstanden. — Wenn Festes mit Festem in Verbindung tritt, so giebt uns dieses das Phänomen des Zusammenhangs oder der Cohärenz und Adhärenz. Daher ist hier die Erde oder das Feste im Conflict mit dem Stoff das Reagens für den Cohärismus, dessen der Stoff fähig ist. Das Quantitative des Cohärismus bestimmt man durch die aus der Physik bekannten Mittel, zur Ausmittelung des Qualitativen ist uns gleichfalls, wie beim Chemismus und Electrismus, ein Sinn gegeben im Gefühlssinn, der tastend die Qualität des Zusammenhangs ins Bewußtsein aufnimmt.

§. 60.

Der Voltaismus ist die Combination von Chemismus, Electrismus und Cohärismus, denn Wasser, Luft und Erde müssen (in der Voltaischen Säule) zusammen wirken, um dieses eigenthümliche Polaritätsverhältniß zu erzeugen, es ist daher sehr schwer zu sagen, wozu er am besten als Reagens dienlich wäre. Seine Eigenthümlichkeit ist in chemischer Hinsicht noch lange nicht genug erforscht, um hierüber etwas Entscheidendes sagen zu können. Der Verf. hat die Tendenz desselben, das Saure und Basische zu scheiden, und ersteres zum positiven, letzteres zum negativen Pol hinzuführen, benutzt, um die vorwaltende Acidität und Basicität eines Stoffs zu erforschen. —

§. 61.

Nehmen wir nun das Gesagte zusammen, so würden die Stoffe, eingetheilt nach der physicalischen Qualität ungefähr unter folgende Rubriken fallen: Durchsichtige und undurchsichtige, gefärbte und ungefärbte, fixe und flüchtige, feuerbeständige und zersetzbare, schwere und leichte, form- und unformbare, lös- und unlösbare, schmeck- und unschmeckbare, electrisir- und nichtelectrisirbare, riechende und geruchlose, und endlich zusammenhängende und nicht zusammenhängende, tastbare und untastbare u. s. w.

B. Eintheilung nach der chemischen Qualität

§. 62.

Die physicalische Qualität ist zu umfassend, zu allgemein und unbestimmt, als daß eine Stoffeintheilung nach derselben für die Phytochemie von Nutzen seyn könnte, es fragt sich nun, ob die nach der chemischen angemessener, bestimmter und genügender ist. Zuvor muß jedoch das Wesen der chemischen Qualität nachgewiesen werden.

§. 63.

Die chemische Qualität des Stoffs tritt hervor als ein Resultat der Wechselwirkung zwischen ihm und den mineralchemischen Reagentien (Säuren, Laugen und Salze), ebenso wie die physicalische durch die cosmischen und tellurischen Reagentien sollicitirt wird (§. 53.).

§. 64.

Nün muß aber dasjenige, was mit einer Säure in Conflict treten soll, basisch, und das, was sich mit einer Basis vereinigen will, sauer seyn, folglich müssen alle Pflanzenstoffe, die mit den mineralchemischen Reagentien bestimmte Veränderungen oder Reactionen bewirken oder erleiden, entweder basisch oder sauer seyn. — Nun giebt es nicht einen einzigen Pflanzenstoff, der sich gegen mineralchemische Reagentien (Säuren, Laugen und Salze) völlig indifferent verhielte; sondern es erfolgt stets größere oder geringere Reaction (Verbindung oder Trennung); folglich sind alle Pflanzenstoffe entweder basisch oder sauer, und es giebt in der ganzen chemischen

Pflanzenstoffwelt durchaus keine andere als Basen oder Säuren und die Verbindungen von beyden.

§. 65.

Dasselbe läßt sich aus dem Vergleich der Pflanze mit dem Mineral erweisen: Ist die Pflanze ihrem innersten Wesen nach Mineral, nur lebendig gesetzt, so muß auch das chemische Stoffverhältniß des Minerals in ihr, wenn gleich unter einer höhern lebendigeren Form, wiederkehren, so, daß alle durch die ganze große Reihe von Mineralien hindurchgehenden salzartigen Verbindungen (aus Säuren und Basen) in der Pflanze ihrem mineralischen Urtypus gemäß, sich wiederholen.

§. 66.

Wie demnach in der Mineralienwelt der Säurebildung eine Alkalienentstehung parallel geht und in der anorganischen Natur kein Factum existirt, daß ein saurer oder basischer Stoff so allein stände, daß sein Opponent die Base oder die Säure nicht auszumitteln und nachzuweisen wäre, und die Erzeugung eines Reduzirten (des Metalls) die gleichzeitige eines Oxydirten (der Gangart) fordert, so bilden sich auf ganz ähnliche, polare Weise die Pflanzenstoffe aus. — Die Basis fordert ein Saures und umgekehrt, und bildet nur durch die Vereinigung mit dem Gegensatz ein chemisches Ganzes: ein Neutrales.

§. 67.

Diesemnach ist die Eintheilung der Pflanzenstoffe nach ihrer chemischen Qualität durch die Wesenheit der Mineralchemie als Grundlage der Pflanzenchemie gegeben, diese kennt als Haupteintheilung nur die in saure, basische oder alkalische und neutrale Stoffe, daher es denn auch die Phytochemie, wenn sie bloß die chemische Qualität betrachtet, mit keinen andern als mit sauren, basischen und neutralen Körpern zu thun hat.

§. 68.

Das hier auf dem Wege der Analogie nachgewiesene chemische Polaritätsverhältniß der Pflanzenbestandtheile muß auch empirisch begründet werden. Der Verf. kann hier einerseits nur auf seine Pflanzenanalysen verweisen. — Andrerseits hat uns jedoch die Natur selbst ein ganz ähnliches Polaritätsverhältniß, nur in einem größern Style, vor Augen gelegt. Die Organe und Systeme der Pflanzen stehen sich nehmlich durchaus wie reine Gegensätze gegenüber, und repräsentiren so in der Form, was bei dem einzelnen Stoff nur dem Wesen (der Qualität) nach hervortritt. — Betrachten wir nur die Früchte, so sind sie ein auffallendes Beispiel der Verkörperung des polaren Verhaltens. Wie Centrum und Peripherie sich gegenüber stehen, so Inhalt und Schaale, letztere z. B. bei den Citronen, Pomeranzen u. s. w. enthält eine Menge ätherischen Oehls, also ein Brennstoffiges, stellt also den basischen oder alkalischen Pol dar, indeß der reine acide Inhalt den Säurepol verwirklicht.

Die meistens bittre oder basische Schaale der Steinfrüchte, und ihr säuerlich-süßes Fleisch, die bittre adstringirende Rinde und das dem sauren Pol entsprechende Holz bieten ähnliche Verhältnisse dar. Es giebt keine Frucht und überhaupt kein Pflanzenorgan und System, worin dieses nicht nachgewiesen werden könnte; es kann auch nicht anders seyn, da eine einseitige Stoffausbildung, die Entstehung eines Pols ohne seinen Gegensatz nicht möglich ist. — Warum aber bei diesem Pflanzenbestandtheil das Basische nach innen, das

Saure nach außen oder umgekehrt liegt (in den Kernen der Steinfrüchte liegt die oxydirte holzigte Schaale, also das Saure nach außen, indeß ein öhligter basischer Kern den Inhalt füllt), das zu enträthseln, möchte bei dem jetzigen Standpunkte der Phytochemie noch sehr schwer seyn, es genügt hier nur es mit der chemischen Polarität in Beziehung gesetzt zu haben.

§. 69.

An ein mechanisches Nebeneinanderseyn der Pflanzenbestandtheile ist also eben so wenig zu denken, als an ein gleiches Verhalten der Pflanzenorgane und Systeme, wie überall so auch hier giebt es dergleichen Mechanisches nicht! Was in der Pflanze entsteht, entsteht auf polare Weise, und wie im physischen dem Plus ein Minus, dem Positiven ein Negatives, im Organischen dem Geistigen ein Körperliches, im Psychischen dem Freien ein Nothwendiges correspondirt, so hier auch im Pflanzenreich dem Basischen ein Saures und so fort.

§. 70.

Die Mineralchemie nennt die Vereinigung eines Basischen mit einem Sauren: Salz. Sie kennt keine andere Vereinigungen als diese, folglich sind alle mineralchemische Verbindungen salzartige. Was nicht Salzcharakter hat, gehört nicht unter die mineralchemischen Verbindungen. Das Gleiche muß sich in der Phytochemie wiederfinden. — Sie hat es, wie (§. 63—67) genugsam erwiesen, nur mit basischen oder sauren Stoffen zu thun, und kann daher auch nur salzartige Combinationen aufweisen.

§. 71.

Zwischen Pflanzensalz und Mineralsalz ist aber ein so großer Unterschied, wie zwischen Pflanze und Mineral selbst. Das Pflanzensalz ist unter anderen lebendigeren Verhältnissen gebildet als das Mineralsalz, es ist ein Organisches, was diejenigen stets vor Augen haben mögen, die gerne die durch das Pflanzenleben salzartig verbundenen Bestandtheile wie die Mineralsalze cristallisiren möchten! —

Anmerk. Wenn gleich mineralisches und pflänzliches Salz streng geschieden sind, so finden sich doch auch erstere in den Pflanzen, z. B. Salpeter, Kochsalz, Kalksalze u. s. w. Sie sind aber nicht Producte des rein organischen Processes, sondern Resultat des Zurückfallens der vegetativen Thätigkeit in die rohchemischschaffende der Mineralien.

§. 72. a.

Ganz dasselbe gilt von den Elementen der Pflanzensalze: Base und Säure. Sie können nicht identisch seyn mit denen der Mineralien, weil sie ganz anderer, nehmlich pflänzlicher Abkunft sind.

§. 72. b.

Für zwey so schroffe Gegensätze, wie sie sich uns in der ausgebildesten Basicität und Acidität darstellen, muß es vereinigende Mittelglieder geben, die den Uebergang von einem zum andern vermitteln. Es müssen demnach zwischen den rein basischen und rein sauren Stoffen noch Zwischenkörper liegen, die unter Umständen beydes sind, nehmlich gegen Basen sauer, gegen Säuren basisch, die der Verf. mit Winterl und Döbereiner Amphoteren nennt. Ihre chemische Qualität hängt demnach von der des Factoren ab, mit welchem sie in Wechselwirkung treten. Ein sehr basischer Körper macht eine starke, saure, ein sehr saurer eine starke basische Anforderung, und einer solchen bequemt sich die amphotere Substanz; sie wechselt ihre chemischen Pole, wie ein schwacher Magnet die seinigen, wenn ihr ein Körper mit stärkerer Polarität, als sie selbst hat, entgegentritt.

§. 73.

Mit dieser Zerfallung der Stoffe in saure, basische und amphotere, haben wir nun die Hauptmomente für die Eintheilung der Stoffe nach ihrer chemischen Qualität, die durch bestimmte, noch näher nachzuweisende Uebergänge, mit einander verbunden sind. Unsere hierin noch sehr mangelhaften empirischen Kenntnisse sind jedoch schon beweisend genug für den Satz: daß es eine fortlaufende Stoffreihe von dem entschiedensten Säurepol bis zur stärksten Basicität durch die Amphoteren hindurch giebt, welche letztere hier den Scheide- und Einigungspunkt bezeichnen.

§. 74.

Eine andere chemische Eintheilung der Stoffe, als die (§. 73.) angeführte, ist nicht möglich. — Man hat sich täuschen lassen und gemeynt, weil alle Körper, die man im aufgelösten Zustande in den Kreis der Säule bringt, entweder zum + oder — Pol gehen, so rühre dieß von ihrer electrischen Polarität her, daher man auch die Objecte der Chemie in electro-positive und electro-negative Körper eintheilen könne: Eine solche Eintheilung verträgt sich aber durchaus nicht mit dem Wesen des Chemismus, der für sich als ein ganz eigenthümliches Verhältniß der Stoffe da steht. Er ist dem Electrismus wohl analog, aber nimmer identisch, gleichwie der mineralchemische und der Dauungsproceß wohl sich ähnlich, aber nimmer gleich sind. Der Chemismus ist im Allgemeinen ausgesprochen ein Thätigkeitsproceß von Stoffen, vermittelt durch das Wasser: wo kein Wasser ist, stellt keine chemische Action sich ein. Der Electrismus ist ganz dasselbe, aber statt Wasser durch Luft vermittelt: wo keine Luft ist, kann kein electrisches Phänomen statt haben. Jedes hat demnach sein eignes Element, folglich auch seine eigene Sphäre, und man kann sagen: Chemismus unterscheide sich von Electrismus, wie Wasser sich von Luft unterscheidet. — So wenig wie der Chemismus vom Electrismus etwas weiß, so wenig hat er etwas mit dem Galvanismus gemein. Das Galvanische gehört der Physik, und nicht ihm an — und die Voltaische Säule ist dem Chemiker nichts weiter als ein chemisches Reagens, ein Entdeckungsmittel für Basicität und Acidität.

Anmerk. Es wird Zeit, den Chemismus von seinem Untergange zu retten, und ihn als ein eigenthümliches Verhältniß festzustellen, denn die Meinung, daß er mit dem Electrismus identisch sey, oder mit ihm zusammenfalle, (was einige sogar für einen Triumph der Wissenschaft ausgeben,) gewinnt immer mehr Eingang, und wird durch die ersten Chemiker genährt. — Sie nennen den Chemismus schon Electrochemismus, und werden ihn bald bloß Electrismus oder wohl gar Galvanismus nennen! Um den hieraus entstehenden Verwirrungen vorzubeugen, ist es nothwendiges Bedürfniß, die specifiken Unterschiede zwischen Magnetismus, Cohärismus, Chemismus, Electrismus, Voltaismus und Galvanismus empirisch und philosophisch nachzuweisen. Der Verfasser behält sich dieses vor. —

Eintheilung der Stoffe nach ihrer verschiedenen dynamischen Qualität.

§. 75.

Im Conflict mit lebendigen oder dynamischen Reagentien bewährt der Pflanzenstoff seine dynamische Qualität, die man insgemein mit „Wirkung" bezeichnet.

§. 76.

Jeder Stoff hat ein eigenthümliches Seyn und eine eigenthümliche Thätigkeit, und somit auch eine eigenthümliche Wirkung.

§. 77.

Jede dynamische Wirkung eines Stoffes äußert sich durch Kampf (§. 75.) mit einem anderm, mit dem er in Wechselwirkung kommt. Dieser Kampf ist bei bestimmten Stoffen und Organen (lebendigen Reagentien) stets ein bestimmter, eigenthümlicher, und muß sich anders darstellen, sobald die Factoren wechseln oder sich ändern. Folglich ist die Qualität und Quantität der Wirkung von dem Wesen der Factoren abhängig, und es ist unmöglich, daß verschiedene Factoren (Pflanzenstoffe) mit verschiedenen Factoren (dynamischen Reagentien) gleiche Wirkung hervorbringen. Jeder bedingt eine eigenthümliche, specifische. — Jeder Pflanzenstoff ist ein Specificum!

§. 78.

Ist die Wirkung Resultat des Kampfes zwischen Organismus und Stoff (§. 75—77.), so sind im Allgemeinen drei Fälle oder Ausgänge möglich, nehmlich:

1. Es siegt der Stoff über den lebenden Organismus (Thier, Organ oder System).
2. Es siegt der lebende Organismus (Thier, Organ oder System) über den Stoff.
3. Es siegt keiner von beyden, sondern es bleibt bey einem Kampfe, in welchem beyde sich das Gleichgewicht halten, der sich als ein Schwanken, als oscillatorische Bewegung im lebenden Körper darstellt.

§. 79.

Hiernach zerfallen die Pflanzenstoffe in 3 große Abtheilungen:

1. in Gift,
2. in Nahrung,
3. in Arzney.

§. 80.

Gift heißt derjenige Stoff, der den lebenden Organismus im Wechselkampf besiegt, ihn tödtet (§. 78.); besitzt demnach eine so ausgezeichnete dynamische Qualität, daß die lebende Kraft sie nicht überwältigt.

§. 81.

Nahrung bildet zum Giftstoff einen Gegensatz. Ihr Hauptcharakter besteht in einem Ueberwiegen des Materialen und im gleichmäßigen Zurücktreten des Dynamischen. Der Organismus verhält sich zum Nahrungsstoff wie das Gift zum Organismus, nehmlich tödtend, zerstörend, seine Individualität aufhebend. Der Nahrungsstoff hat also eine so geringe dynamische Qualität, daß die Wirksamkeit des Organismus sie sogleich zernichtet und ihn sich assimilirt.

§. 82.

Der Arzneystoff hält das Mittel zwischen beyden Extremen, er wird weder aufgelöst und assimilirt vom Organismus, noch reibt er diesen auf, wie es der Giftstoff thut. Zwar hat er ganz die Tendenz des letztern, und ist seinem Wesen und seiner Abstammung nach Gift, wird aber durch den mächtigen Gegenkampf des lebenden Organismus zum Arzneymittel.

Anmerk. Die Kunst, das Gift zur Arzney zu machen, besteht in der Wahl einer solchen Dosis, der den Organismus durch seine eigene Kraft noch das Gleichgewicht hält. Die Dosis ist also nach der Energie desselben verschieden.

§. 83.

Unter die Classen von Gift, Nahrung und Arzney lassen sich nun alle Pflanzenkörper, wenn man bloß ihre dynamische Qualität berücksichtigt, bringen, die wiederum in Unterabtheilungen zerfallen, welche Gegenstände der toxicologischen, diätetischen und pharmacologischen Phytochemie sind.

§. 84.

Die dynamische Qualität des Stoffes ist keine absolute, sondern eine relative, und wechselt mit den Factoren (den lebenden Organismen), die mit ihm in Wechselkampf treten. Alles kann unter Umständen Gift, Nahrung und Arzney werden, weil dieß nicht von dem Körper, der wirkt, sondern auch von dem, auf den gewirkt wird, abhängt. Dem Wassersalamander ist Conium, dem Kaninchen ist Belladonna, Hyoscyamus und Datura kein Gift (gerade umgekehrt wie beym Menschen), sondern Nahrung, weil ihre Assimilationskraft stark genug ist, die dynamische Qualität der genannten Vegetabilien zu überwältigen. Pflanzen, Thier- und Menschengifte sind daher specifik von einander verschieden, gleichwie es ihre Nahrungs- und Arzneystoffe sind. Es giebt daher Specifica für die Pflanzen, für die Thiere und für die Menschen, die für jedes der genannten Individuen wieder eigenthümlich sind, weil keins dem andern völlig gleich ist.

Eintheilung der Stoffe nach ihren Bestandtheilen.

§. 85.

Jeder Pflanzenstoff ist aus Sauer-, Kohlen-, Wasser- oder Stickstoff zusammengesetzt. Ein Stoff, worin diese Bestandtheile nicht als wesentlich nachgewiesen werden können, gehört nicht dem Pflanzen-, sondern dem Mineralreich an.

Anmerk. Stoffe, welche Stickstoff enthalten, thierische zu nennen und nicht zu den Pflanzenstoffen zu rechnen, obgleich sie Producte der Pflanzen sind, ist falsch — es giebt keinen wissenschaftlichen Grund für diese Trennung, aber gar viele dagegen.

§. 86.

Die vier angeführten Pflanzenstoffbestandtheile stehen sich polar gegenüber, denn sonst könnten sie sich nicht verbinden. Diese Polarität ist eine chemische, so daß das saure und basische Verhältniß der Stoffe zu einander (§. 63—67.) auch zwischen ihren Bestandtheilen wiederkehrt. Der Sauer- und Kohlenstoff entspricht dem sauren, der Wasser- und Stickstoff dem basischen Pol.

§. 87.

Heißt nun die Vereinigung eines Sauren mit einem Basischen Salz (§. 70.), so kehrt auch in diesen Verbindungen der Stoffbestandtheile der Salzcharacter wieder, wiewohl in einer höhern veredeltern Form, eben so wie der Sauer- und Kohlenstoff die Säure, und der Wasser- und Stickstoff das Alkali oder die Base gleichsam idealiter wieder vorstellen.

§. 88.

Wenn den Pflanzenstoffen nur die vier genannten Bestandtheile als wesentlich zukommen, so muß ihre große Verschiedenheit und Mannigfaltigkeit ihren Grund im Folgenden haben:

1. in dem Daseyn oder Nichtdaseyn des einen oder des andern der Bestandtheile;
2. in dem Vorwalten des einen oder des andern der Bestandtheile;
3. in der Art der Combination derselben.

§. 89.

Das Vorhanden- oder Nichtvorhandenseyn eines oder mehrerer Bestandtheile giebt nun die Eintheilung in die binären, ternären und quaternären Verbindungen, d. h. Zusammensetzungen aus entweder zwey, drey oder vier Bestandtheilen.

§. 90.

Rücksichtlich der Quantität (§. 88, 2.) wird es vorwaltend sauer-, kohlen-, wasser- und stickstoffige Pflanzenkörper geben.

§. 91.

Was die Qualität der Verbindungen oder die Art der Combination betrifft (§. 88, 3.), so liegt an ihrer Ausmittelung (vorzüglich für die Materia medica) sehr viel. Denn weil die vier Stoffbestandtheile sich zu einander wie Säure und Base verhalten (§. 86—87.), so werden sie sich auch gegenseitig, indem sie sich verbinden, neutralisiren, was mit einer gänzlichen Tilgung ihrer physicalischen, chemischen und dynamischen Qualitäten, eben so wie beym Entstehen eines Neutralsalzes (aus Säure und Alkali) nothwendig vergesellschaftet ist, sonst könnte ja kein ganz neuer Stoff aus ihrer Vereinigung entstehen! — Sind aber zwey oder drey Bestandtheile so und in solchem Verhältnisse verbunden, daß einer oder der andere vorwaltet, also nicht gänzlich durch seine Gegensätze neutralisirt und seiner Qualität beraubt ist, so wird er sich chemisch und dynamisch ganz anders verhalten, als ein Stoff, der zwar gleiche Bestandtheile hat, die aber anders und zwar so combinirt sind, daß völlige Neutralisation statt gefunden.

Schlußbemerkungen.

§. 92.

Rücksichtlich der Stoffzusammensetzung ergeben sich nun große Aufgaben für die empirische Forschung, wovon wohl die Nachweisung des Zusammenhangs zwischen Wirkung und Zusammensetzung des Stoffs die allerwichtigste seyn möchte. — Sind wir erst so weit, so ist eine wissenschaftliche Begründung der Materia medica nicht mehr fern. Genaue stöchiometrische Untersuchungen der isolirt und rein dargestellten dynamisch-wirksamen Pflanzenstoffe und die gleichzeitige Anwendung dynamischer Reagentien werden uns diesen Standpunkt, der von Kieser (System der Medizin, II. B.) schon wissenschaftlich ist begründet worden, bald erreichen helfen. Dann wird auch die Eintheilung der Pflanzenstoffe nach ihrer dynamischen Qualität (§. 75—84.) mit der von ihren Bestandtheilen hergenommenen stöchiometrischen zusammenfallen. Alle neutrale Verbindungen von Sauer-, Kohlen-, Wasser- und Stickstoff werden, weil ihre Qualitäten durch einander abgestumpft sind, als mehr indifferente Körper Nahrungsmittel abgeben, indeß vorwaltend saure (sauer- und kohlenstoffhaltige), oder vorwaltend basische (wasser- und stickstoffhaltige) wegen ihrer nicht völlig abgestumpften dynamischen Qualitäten zu den Gift- oder Arzneystoffen zu rechnen sind.

§. 93.

Gleichwie es bey den Pflanzenbestandtheilen amphotere Stoffe giebt (§. 72—73.), die von der Säure zur Base den Uebergang bilden, so ist auch hier bey den Stoffbestandtheilen von dem den Säurepol repräsentirenden Sauerstoff bis zu dem die reinste Basicität darstellenden Wasserstoff durch die beyden amphoteren Substanzen, Kohlen- und Stickstoff, der Uebergang und die Verbindung gegeben. Der Kohlenstoff wechselt nehmlich gleich dem Stickstoff nach Umständen seine Polarität: gegen den Sauerstoff sind beyde basisch, gegen den Wasserstoff beyde sauer. Ihr amphoterer Karakter ist also unverkennbar.

V. Eintheilung der Phytochemie nach ihrem practischen Nutzen.

§. 94.

Im Frühern (§. 16.) haben wir die Eintheilung der Phytochemie als ein Ganzes nach ihrem innern Wesen und ihrer Bedeutung gegeben, und erhielten auf solche Weise eine Dreyfachheit derselben, bestehend aus dem empirischen, mathematischen oder stöchiometrischen und speculativen oder phytophysiologischen Theile der Phytochemie (§. 16—20.). Jeder dieser Theile ist von derselben als Wissenschaft untrennbar, und findet sich auch in jedem nach dem practischen Nutzen unterschiedenen Theilganzen, in mehr oder minderer Ausbildung, wieder.

§. 95.

Nach dem praktischen Nutzen zertheilt sich die Phytochemie demnach nicht in Theile, sondern in Theilganze, wovon jedem die drey Theile: Empirie, Stöchometrie und Speculation wesentlich sind, nur eins oder das andere vorwaltend. Diese Zerfallung in Theilganze kann nur von dem speciellen Nutzen der Phytochemie im allgemeinen für das Menschengeschlecht hergenommen seyn. So viele Hauptbedürfnisse des Menschen als Menschen oder als organisches Wesen es demnach giebt, so viele Haupteintheilungen der Phytochemie wird es auch geben.

§. 96.

Der Mensch bedarf zum physischen Seyn nur dreyerley:

1. Mittel zur Erhaltung der Gesundheit: Nahrung.
2. Mittel zum Schutz gegen die Aussenwelt: Kleidung.
3. Mittel zur Herstellung verlorner Gesundheit: Arzney.

§. 97.

Da nun diejenige Wissenschaft, welche uns über die zweckmäßige Erlangung, Bearbeitung und Anwendung jener drey generalen Bedürfnisse: Nahrung, Kleidung, Arzney, Aufschluß giebt, die Chemie ist, und in sofern die Stoffe dazu aus dem Pflanzenreich sind, die Phytochemie, so zerfällt dieselbe in drey Theilganze:

1. in die diätetische oder Nahrungschemie;
2. in die technologische, oder Bedeckungschemie, (Techno-Phytochemie;)
3. in die pharmacologische oder Arzneychemie, (Pharmaco-Phytochemie).

§. 98.

Die diätetische Phytochemie zerfällt wie jede der andern wieder in Unterabtheilungen; so gebührt der Kochkunst, als ihrer höchsten Blüthe, der erste Platz, dann kommt die Back- und die Gährungschemie.

Anmerk. Beyde letztere sind im Grunde eins; denn der Proceß des Backens ist auch ein Gährungsproceß, nur mit dem Unterschiede, daß er durch die Hitze eher seine Ackme erreicht, und daher schneller vorübergeführt wird. Auch unterscheiden sie sich in der Form, das Backen ist ein Gähren beym Vorwalten des Festen, das Wein-, Bier- und Essig-Gähren hingegen ein Backen beym Vorwalten des Flüssigen.

§. 99.

Die technologische Phytochemie ist von dem größten Umfang, indem sie die diätische und pharmacologische Phytochemie gleichsam vereinigend, beyden Polen angehört. Sie erstreckt sich von der chemischen Seite der Baukunst durch alle Fabriken und Manufakturen hindurch bis zur Theorie des Gaserleuchtens und noch weiter.

§. 100.

Die pharmacologische Phytochemie hat ein nicht minder weites Feld, das über die unabsehbaren Räume der Toxicologie und Materia medica sich verbreitet.

§. 101.

Der Arzneystoff ist ein In sich entzweytes rücksichtlich seiner Zusammensetzung — seine Bestandtheile sind nicht völlig durch einander neutralisirt wie im Nahrungsstoff (§. 92.). Daher kann man sagen: die Objecte der Pharmaco-Phytochemie seyen Stoffe mit zum Theil ungebundenen (nicht neutralisirten), und daher frey wirkenden dynamischen Polen, also dynamisch-differente Körper. Die der diätetischen Phytochemie hingegen Stoffe mit gebundenen (neutralisirten) durch einander ausgeglichenen dynamischen Polen, also dynamisch-indifferente Körper.

§. 102.

Die Techno-Phytochemie hat nichts mit dem dynamischen als solchem zu thun, sondern ihre Objecte sind die chemisch zur Indifferenz vereinigten Körper, z. B. Farbestoffe, Baumaterialien, Kleidungsstoffe u. s. w.

§. 103.

Nach dieser Eintheilung der Phytochemie drängen sich dem Chemiker drey zu erfüllende Forderungen auf, die pharmacologische fordert die Darstellung und Karakteristik des dynamisch wirksamen Stoffs, die diätetische soll die Stoffe zweckmäßig zu einem mehr dynamisch Indifferenten combiniren, dahingegen die technologische als reinster Ausdruck des Chemismus sich um das Dynamische nicht kümmernd, die Stoffe zu chemisch indifferenten Körpern zu vereinigen streben muß. Erstere analysirt, letztere beyde synthesiren demnach vorzugsweise.

§. 104.

Wenn die diätetische Chemie combinirt (§. 103.) und gleichsam Neues schafft, was bey gewissen Operationen der Koch-, Back- und Gährungskunst sich sogar zur Erzeugung neuer in sich lebender Producte steigert, (z. B. Brot, Bier, Wein u. s. w.), die den Stoffen, aus denen sie hervorgingen, in nichts mehr gleichen, und so als eine totale Stoffumwandlerinn erscheint, die den Metamorphosirungsprocessen, welche der Organismus mit rohem Stoff selbst vornimmt, gleichsam vorbereitend dient, so hat dieselbe als ein Totales auch nur Reagentien, die in der Totalität als Organismen sich darstellen. — Die Güte einer Speise ist nicht durch ein einzelnes dynamisches oder chemisches Reagens erforschbar, sondern nur durch den Ernährungs- und Restaurations-Effect, den sie auf den ganzen Körper ausübt. — Eine Nahrung, die nur einzelne Körpertheile ernährt (z. B. Eyer, die vorzugsweise die Geschlechtstheile restauriren), gehört als eine specifik wirkende Materie schon unter die Kategorie der Arzneymittel, deren Character eben in der Specificität besteht.

§. 105.

Eine Nahrung im wahren Sinne des Wortes muß zu allen Theilen des Körpers eine ganz gleiche Beziehung haben, sie darf nicht einen Theil vor dem andern vorzugsweise ernähren. Nun hat aber jeder Körper, folglich auch jedes Nahrungsmittel (es mag dynamisch noch so indifferent seyn) noch immer eine bestimmte Qualität, und steht vermöge dieser (sie mag so schwach seyn wie sie wolle) auch mit bestimmten Organen oder

Systemen, die seiner Qualität entsprechen, in Beziehung, daher dem Menschen als dem Complex aller möglichen Naturqualitäten auch nur eine gemischte Nahrung zuträglich ist. Es ist diesemnach die Hauptaufgabe einer rationellen Kochkunst, die Combination der verschiedenen Nahrungsstoffe so zu machen, daß dadurch der ganze Körper gleichmäßig ernährt werde, und alle seine verschiedenen Qualitäten ihr Aequivalent in der gemischten Speise finden. Eine solche Aufgabe wird aber die diätetische Chemie bey dem immerwährenden Wechselzustand des Organismus nimmer vollkommen lösen. Jeder Mensch ist in jedem gegebenen Zeitmoment ein anderer, und fordert so auch zu verschiedenen Zeiten andere Restaurationsmittel. Ein Glück jedoch, daß das, was der Verstand nicht erreicht, dem Instinkt im Gefühl und im Gelüste gegeben ist. Dieses äußert sich im Appetit, der da, wo durch irgend eine (mit bestimmter vorwaltender Qualität begabte) Nahrung ein Mißverhältniß der Ernährung im Körper entstanden, gleich nach einer andern verlangt, die diesen Mißton wieder auszugleichen im Stande ist, daher der tägliche Speisewechsel ganz den Gesetzen des Lebens und des menschlichen Organismus angemessen ist. — Der Geschmack, innig zusammenhängend mit dem Instinkte, ist der treue Wächter, der unter Ekel und Abscheu hartnäckig zurückweist, was dem dermaligen Qualitätszustand des Organismus nicht frommt, und dasjenige gleichsam durch ein Verlangen zum Bewußtseyn bringt, was sein Zustand fordert.

Weil nun in den meisten Fällen die Annehmlichkeit des Geschmacks einer Speise mit der Zuträglichkeit derselben für den Organismus parallel geht (indem nur Verwöhnung und Krankheit dieß Verhältniß stört und alienirt), so kann man den Geschmackssinn als ein (wenn gleich indirectes) Reagens für das Qualitative der diätetischen Chemie aufführen, und im Allgemeinen behaupten, daß alles dasjenige, was ihm frommt und wornach ihm verlangt, auch den jedesmaligen Bedürfnissen des Organismus entsprechen müsse. In sofern ist demnach der Geschmack das dynamische Reagens für die Koch-, Back- und Gährungskunst! —

§. 106.

Die pharmacologische und toxicologische Phytochemie sind, wie gesagt, ganz das Gegentheil der diätetischen. Wenn diese combinirt und alle Stoffqualitäten zu vereinigen und durch einander zu neutralisiren sucht, also rein synthetisch verfährt, so streben erstere nur zu zerreissen, und den dynamisch begeisteten Stoff so rein von andern abzutrennen und so energisch darzustellen, als es nur möglich ist. Ihre Pro- und Edukte sollen nicht den Körper total als Nahrung, sondern nur partial, nur einseitig affiziren. Ihre Hauptaufgabe ist also Darstellung des Dynamischwirksamen aus jeder Pflanze und Trennung aller ihm anhängenden dynamisch indifferenten Stoffe, nebst näherer Bestimmung der Qualitäten, wodurch sich jeder dieser Stoffe auszeichnet.

§. 107.

Diese Aufgabe kann nur durch gleichzeitige Anwendung dynamischer oder lebender Reagentien gelöst werden, daher es eine pharmacologische Phytochemie, deren Endresultat die Materia medica (aus dem Pflanzenreich) ist, vorzugsweise mit diesen zu thun hat.

§. 108.

Eine Materia medica nach „chemischen Prinzipien" ist diesemnach eine Contradictio in adjecto, weil sie statt des zum Wesen der Materia medica gehörigen

Dynamischqualitativen bloß das Chemisch-qualitative (die chemische Qualität) ausmittelt und darstellt, was aber begreiflich nicht dem Therapeuten und Toxicologen, sondern dem Chemiker angeht. — Pfaff hat sich daher durch sein Werk „System der Materia medica nach chemischen Prinzipien. Leipzig 1808—18" nicht um die Therapie und andere hieher gehörige Wissenschaften, sondern nur um einen Theil der Phytochemie Verdienste erworben, da er immer nur die chemische, keinesweges aber die dynamische Qualität der Stoffe vor Augen hatte. Eine Materia medica für den Menschen im wahren Sinn des Wortes ist noch Desiderat, und wird es auch so lange bleiben, bis wir eine der Pflanzen und der Thiere haben. Es geht ihr wie der Physiologie des Menschen, die ohne Pflanzen- und Thierphysiologie nicht möglich ist, weil der Mensch selbst beyde in sich aufgenommen, beyde zur Basis hat.

§. 109.

Die technologische Phytochemie repräsentirt den reinen Chemismus, steht daher dem Dynamismus der pharmacologischen gerade gegenüber. Wenn die diätetische zur Zusammensetzung der Stoffe zu einem Dynamisch-indifferenten strebt, so macht diese gleichfalls Verbindungen, aber mehr chemischindifferente. Die Gerbungs- und Färbungschemie, so wie die Theorie der Mörtel-, Kitt- ꝛc. Bildung geben hinreichende Beyspiele, so daß die technologische Phytochemie auf chemischer Seite ganz dasselbe darstellt, was die diätetische auf der dynamischen Seite bezeichnet.

§. 110.

Die agronomische Chemie gehört natürlich nicht der technologischen, sondern der diätetischen an. Die Theorie der Heu- und Mistbereitung ist ganz analog der des

Brotbackens und der Gährung. Der Mist ist ein durch Gährung organisch-lebendiges Erzeugniß, und daher die Nahrung der Pflanze; und das Heu als das Brot der Thiere, ist ganz diesem analog, nur auf einer höhern Stufe. — Das Heumachen ist ein Gährungsproceß gleich dem des Nachreifens des Obstes.

Anmerk. Vieles, was man in der agronomischen und ökonomischen Chemie mit aufführt, gehört in ein anderes Gebiet, nehmlich in das der Physik u. s. w., z. B. Meteorologie, Einfluß der Himmelskörper, Jahreszeiten u. d. gl.

Beschluß.

§. 111.

Das Wesen der Pflanzenchemie wäre hiermit gezeigt, ihre Bedeutung entwickelt, ihr Verhältniß zur Mineralchemie festgestellt, und so der Rang, der ihr gebührt, gesichert. Alles dieses war, so wie ihre Eintheilung und die Eintheilung ihrer Objecte (Stoffe) nur möglich mit Hülfe einer sichern, fast vollendeten Grundlage, nehmlich der Mineralchemie. So lange letztere noch nicht ihrer Vollendung nahe war und noch wankte, so lange war auch an eine wissenschaftliche Begründung der Phytochemie nicht zu denken. Jetzt aber kann man dieß mit Erfolg versuchen, und dem Verfasser wird es zur großen Freude gereichen, wenn es ihm nur einigermaßen gelungen.

§. 112.

Schon jetzt die Prinzipien einer Zoochemie zu entwickeln, scheint uns noch zu früh. Sie kann nur auf der Pflanzenchemie fußen, und wird so lange diese noch nicht = der Mineralchemie fest gegründet nnd ausgebildet dasteht, keine sichere Grundlage haben. Was man bis dahin Thierchemie genannt hat, selbst die Arbeiten eines Berzelius in diesem Fache, ist nicht

ein

ein Schattenriß davon, und hat mit dem wahren Zoochemischen so wenig gemein, als die meisten der bisherigen Pflanzenanalysen mit dem wahren Phytochemischen. Wer z. B. den Harn untersucht und nicht zugleich das Organ, das ihn abgesondert (Nieren), und die Flüssigkeit, woraus er geschieden (Blut), entsprechenden Versuchen unterwirft und damit in Parallele stellt, der hat im Grunde keine zoochemische Analyse des Harns geliefert, sondern ihn nur auf anorganische Weise untersucht. — Eben so einseitig verfährt der, welcher die Galle analysirt, ohne das Pfortaderblut und die Leber zu berücksichtigen. — Man sieht hieraus, daß der Zoochemiker sich fürs erste noch an die Thiere zu halten hat, ehe er zum Menschen übergeht. Leider ist bis jetzt meist das Umgekehrte geschehen. — Das Zoochemische ist noch viel schwieriger zu erfassen und zu enträthseln als das Phytochemische, denn darin besteht sein Wesen nicht, daß man nur fleißig analysirt und das Gefundene nach gewissen Aehnlichkeiten benennt, daß man z. B. im Speichel Eyweiß u. d. gl., im Saamen Kochsalz, Eyweiß u. s. w., im Urin Harnstoff, im Schlangengifte Gummi gefunden, und heraus und hierin analysirt, dieß ist nur die eine, roheste Seite des empirischen Theils der Zoochemie, die andere, die dynamische, flieht unsern Blicken! —

Anmerk. Selbst die bisher als einfach aufgeführten thierischen Stoffe sind es nicht. Der Harnstoff, die Gallerte, das Eyweiß sind nach vorläufigen Versuchen des Verf. Neutralia, zusammengesetzt aus Basen und Säuren, wie die pflänzlichen Produkte (hievon in Zukunft).

Zweytes Capitel.

Reagentien.

§. 113.

Das Reagens ist seinem Wesen nach ein Mittel, was dazu dient, die Qualität eines Stoffes auszumitteln, es ist Qualitäterforscher (§. 27.). Im Conflikt mit Reagentien entwickelt nehmlich der Körper seine Kräfte und enthüllt seine innerste Natur, daher die genaue Kenntniß der hierzu brauchbaren Mittel dem Chemiker unentbehrlich ist.

§. 114.

Die Erforschung der Qualität eines Stoffs ist nur durch Wechselwirkung mit einem andern entsprechenden möglich, die physikalische Qualität wird nur durch die physikalischen, die chemische nur durch die chemischen und endlich die dynamische nur durch die dynamischen Reagentien ausgemittelt. Alle bisherigen Bemühungen, das Dynamische durch chemische Qualitätsbestimmer, (Reagentien) zu erforschen, scheiterten daher gänzlich.

§. 115.

In sofern nun die einem Körper eigenthümliche Qualität dazu dient, ihn von andern, die einer solchen Qualität entbehren, zu unterscheiden, und dadurch Kenntniß von seinem Daseyn in einem Gemisch von vielen Stoffen zu erhalten, in sofern ist das Reagens ein Entdeckungsmittel für diesen Körper, und man kann es diesemnach definiren als Etwas, das aus der Veränderung, die es im Conflikte mit einem andern Körper bewirkt oder erleidet, auf das Da- oder Nichtdaseyn eines Körpers schließen läßt.

§. 116.

Nehmen wir es genau, so ist obiges keine eigentliche Definition von Reagens, weil es dadurch nicht seinem Wesen, sondern nur seiner speciellen Anwendung nach, bezeichnet ist. Die Chemiker blieben ganz bey diesem Begriff von Reagens, als einem „Entdeckungsmittel" stehen, daher denn auch ihre Anwendung so einseitig und ihre Zahl so eingeschränkt und dürftig geblieben. — Nimmt man hingegen das Reagens als ein Erforschungs- (oder vielmehr Anregungs-) Mittel der verschiedenen Qualitäten der Körper, und erkennt zugleich, daß dem Stoff neben der physikalischen und chemischen auch eine dynamische Qualität inwohne, so ist man von der Idee, daß es neben den physikalischen und chemischen auch dynamische Reagentien geben könne und müsse, nicht mehr fern; jedoch hat bis dahin kein Chemiker einer solchen Idee Raum geben wollen.

§. 117.

Alles in der Natur steht in wechselseitiger Beziehung und Wechselwirkung, wodurch sich uns die verschiedenen Qualitäten der Naturkörper kund geben (§. 114.). Diese Verhältnisse bezeichnet der Chemiker mit „Reaction", gleichwie die dazu dienlichen Mittel, wie schon (§. 113.) erwähnt, Reagentien genannt werden. Hieraus folgt, daß unter Umständen alle nur möglichen Stoffe und Potenzen, die es in der Natur giebt, als Reagentien in Anwendung gesetzt werden können (§. 27.).

Eintheilung der Reagentien.

§. 118.

Kann alles, was in der Natur existirt, dem Chemiker als Reagens dienen (§. 117.), so wird die Eintheilung der Naturkörper auch die der Reagentien seyn, so daß die drey Formen, unter welchen uns die Körperwelt erscheint, nehmlich Cosmisches, Unorganisches und Organisches, auch die drey Hauptklassen für die Reagentien abgeben (§. 28—29.), nehmlich physicalische, chemische und dynamische Reagentien, welche erstere dem Cosmischen, letztere dem Organischen und die mittleren dem Anorganischen entsprechen.

1. Physikalische Reagentien.

§. 119.

Sie zerfallen in zwey Reihen, je nachdem sie nehmlich entweder dem centralen oder solaren und dem peripherischen oder tellurischen Pole angehören. Die physikalisch-solaren sind:

Licht, Wärme und Schwere;

die physikalisch-tellurischen hingegen:

Wasser, Luft, Erde (Festes) und Voltaismus.

§. 120.

Die physikalisch solaren Reagentien: Licht, Wärme und Schwere, sollicitiren die Körper auf so verschiedene Weise, als sie selbst von einander verschieden sind. Die Erscheinungen, welche ihre Einwirkungen auf die Körperwelt begleiten, sind nicht rein und einfach, sondern zusammengesetzt aus ihrer Aktion und der Reaktion des Körpers, so daß jedes hiedurch hervorgerufene Phänomen das Resultat des Kampfes zwischen Element (Reagens) und Körper oder Stoff ist.

§. 121.

Durch die Wechselwirkung eines Stoffs mit dem Lichte, erhalten wir nun über seine physikalische Natur und Eigenschaft, die sich in der Färbung, Durchsichtigkeit und Undurchsichtigkeit u. s. w. abspiegelt, Aufschluß (§. 54.). Diese Phänomene erfolgen, wenn der Stoff, auf den das Licht einwirkt, gehörig reagirt und seine Integrität behauptet. Geschieht hingegen letzteres nicht, sondern überwältigt den Stoff die alles zu zerreißen strebende Macht des Lichtes, so löset sich seine Individualität unter bestimmten, in die Augen fallenden Erscheinungen auf, welche letztere nun dazu dienen, diesen Stoff von andern, die gegen die Einwirkung des Lichtes besser ankämpfen, zu unterscheiden. Die durch die Lichtinfluenz bedingten Farbenveränderungen und anderweitigen Zersetzungen können hier als Beyspiele dienen.

Anm. Nur in letzterer Beziehung, als verändernde und zerstörende Potenz, ist das Licht als Reagens in den Analysen aufgeführt. Die Bestimmungen der Grade der Durchsichtigkeit, der Färbung u. s. w., sind der Bequemlichkeit und leichten Uebersicht willen unter dem nur indirekt dynamischen Reagens „Gesicht" angemerkt, wenn gleich letzteres eigentlich nur in dem Falle als Reagens erscheint, wo der Stoff die Qualität hat, das Sehen (die Function) auf bestimmte Weise zu verändern, z. B. der basische Stoff der Digitalis, welcher Funken und Flimmern vor den Augen erzeugt.

§. 122.

Der Kampf der Wärme mit dem Körper giebt verschiedene Phänomene, die dazu dienen, über andere Verhältnisse seines physikalischen Charakters Aufschluß zu bekommen. Reagirt der mit der Wärme in Conflikt kommende Stoff so, daß dieselbe ihm, selbst in den verschiedensten Graden, nichts anhaben kann, so heißt er feuerbeständig, findet das Gegentheil statt, so wird er flüchtig genannt, wobey jedoch nur seine Form, keinesweges aber seine Mischung eine Aenderung erleidet. Ist hingegen die Reaktion des Stoffs so schwach, daß durch die Einwirkung der Wärme sich seine Individualität auflöst, so heißt ein solcher Stoff durch Wärme oder Hitze zersetzbar. Alle diese Vorgänge können natürlich dazu dienen, Stoffe von einander zu unterscheiden, daher der Wärme ein Platz unter den Reagentien gebührt (§. 55.).

§. 123.

In der Formung (Cristallisation) hat sich uns die Erdkraft (Schwere) gleichsam verkörpert dargestellt. Die Theile sind gegen einander schwer (gravitiren), darum ziehen sie sich an und formen sich nach bestimmten Gesetzen. Wo die Schwere (Anziehung) varirt, wechselt auch die Form, und diese nebst der Mischung bedingt wieder die Abweichungen der Schwere (die Modificationen der Anziehungen), vermöge welcher Beziehung man einen Körper von dem andern zu unterscheiden im Stande ist, daher die Schwere als die formgebende Potenz mit vollem Rechte zu den Reagentien gezählt werden muß. Da absolutes und specifisches Gewicht aufs innigste mit Formung und Mischung zusammenhängen; so ist klar, daß auch sie unter die Rubrik „Schwere" gehören.

Anm. Es ist jedoch auch hier, um weder zu Mißdeutungen noch zu Verwirrungen Anlaß zu geben, wie bey der Angabe der Färbung eine Ausnahme gemacht, und die Art der Formung unter „Gesicht" in den Analysen aufgeführt. Die Consequenz hätte erheischt, dieses bey „Schwere" anzumerken, weil aber Mancher sich dieselbe nicht als die Erdkraft, sondern als etwas Mechanisches denkt, so unterblieb es um der Verständlichkeit willen.

§. 124.

Die physikalisch-tellurischen Reagentien: Wasser, Luft, Erde (und Voltaismus) unterscheiden sich von den solaren durch ihre größere Materialität, daher ist das Wechselverhältniß derselben mit den Stoffen auch ein gröberes, mehr in die Sinne fallendes.

§. 125.

Die egoistische Tendenz eines jeden Körpers, das ihn Umgebende sich gleich zu machen, sich zu assimiliren, tritt in einem dieser tellurischen Reagentien, im Wasser, auf eine sehr anschauliche Weise hervor. Sein Hauptstreben ist, die Körper sich gleich, nehmlich flüssig zu machen. In der Lösung ist dieß Streben erreicht, in der Auflösung (Zersetzung durch Wasser) ist es vollendet. Beyde Phänomene hangen von der mehr oder minder starken Reaktion des Stoffs ab, der mit dem Wasser in Conflikt kommt. Ist nehmlich die Reaktion des Stoffs zu stark, so erfolgt keine Lösung, er heißt dann unlöslich; ist sie zu schwach, so erfolgt Auflösung, gänzliche Zerstörung der Individualität des Stoffs, dann heißt er durch Wasser zersetzbar; ist sie endlich von mittlerer Intensität, so, daß gleichsam Wassereinwirkung und Stoffgegenwirkung sich das Gleichgewicht halten, dann wird der Stoff nicht aufgelößt, sondern behält seine Individualität, die so viel Veränderung von der flüssigmachenden Kraft des Wassers erfahren, daß sie unter der Form der Lösung (nicht Auflösung) erscheint. Das Wasser ist also hier ein Erforschungsmittel oder Reagens für die Fähigkeit des Stoffs, seiner flüssigmachenden Einwirkung zu widerstehen, und da das Ganze dieses Wechselkampfes zwischen Stoff und Wasser Chemismus heißt, so offenbart sich hierdurch zugleich die größere oder geringere

Tauglichkeit des Stoffs zur chemischen Action. Die nachgewiesenen verschiedenen Stufen bezeichnen das Quantitative des Vorgangs, von den qualitativen Verschiedenheiten dieser Wechselbezeichnungen werden wir durch unser Sinnorgan des Geschmacks unterrichtet (vergleiche §. 57.). (Daher sind auch die quantitativen Erscheinungen solcher Vorgänge, in den Analysen unter „Wasser" die qualitativen hingegen unter „Geschmack" aufgeführt, wenn gleich letzterer nur indirekt zum Reagens wird).

Anm Es versteht sich, daß das hier vom Wasser gesagte von allen Körpern gilt, die Wassernatur haben, d. h. flüssig sind, und die Tendenz haben auch andere, in denselben Zustand zu versetzen. Daß Quecksilber nicht mitgemeynt sey, bedarf kaum erwähnt zu werden.

§. 126.

Die Luft im Conflikt mit dem Stoff giebt dieselben Erscheinungen wie das Wasser, nur in einer andern, gasigen Form. Was dort als Lösung erscheint, tritt hier als Verflüchtigung und Verdampfung auf, was dort Unlösbarkeit heißt, wird hier Luftbeständigkeit genannt, was alles Resultate der mehr oder minder starken Reaktion des Stoffs gegen die alles zu zerreißen strebende Lufteinwirkung ist. Das Ganze dieser Vorgänge ist mit elektrischen Erscheinungen begleitet, deren quantitatives Verhältniß durch Condensatoren und Elektrometer bestimmt wird, deren Qualität sich aber nur dem Sinn, im Geruch, offenbart (§. 58).

§. 127.

Die Anwendung der Luft als Reagens giebt uns also Aufschluß, ob der Stoff in Luft löslich oder unlöslich ist (was wohl von der Verflüchtigung im luftleeren Raum zu unterscheiden ist), und ob der Stoff in der Luft eine positive oder negative elektrische Spannung hervorruft, die dann quantitativ und qualitativ bestimmbar ist (§. 126.).

Anm. Da wir noch keine Mittel haben, um alle polaren Beziehungen zwischen den verschiedenen Stoffen und der Luft auszumitteln, und wir überhaupt nur noch von sehr wenigen wissen, wie ihr elektrisches Verhältniß im Conflikt mit der Luft sich offenbart, so hat der Verf die Luft noch gar nicht als ein Reagens in den Analysen aufgeführt, sondern sich nur mit der Anführung des Geruchs, als eines indirekt elektrisch-qualitativen Reagens, begnügt.

§. 128.

Der Voltaismus ist zusammengesetzt aus den drey physikalisch tellurischen Reagentien: Wasser, Luft und Erde, und besteht daher in der, aus der Wechselwirkung zwischen festen Körpern (Erde) (unter dem Einfluß von Wasser und Luft) hervorgehenden polaren Thätigkeit, der es als auszeichnende Eigenschaft zukommt, das ihr Polarentgegengesetzte anzuziehen. Sie scheidet daher, indem es nur zwey Gegensätze geben kann, die ganze Körperwelt in zwey Reihen, die eine hat einen positiven, die andere einen negativen Charakter, die die verschiedensten Stufen und Grade durchlaufen.

§. 129.

Das Positive und Negative heißt in chemischer Sprache übersetzt, das Basische und Saure. Nur mit Stoffen dieser (chemischen) Qualität hat es der Chemiker zu thun. Die Säule Volta's, die unter andern dem Physiker zu einem Erforschungsmittel oder Reagens für den positiven oder negativen Charakter der Körper dient, giebt in der Chemie angewandt ein Prüfungsmittel für die Basicität und Acidität ab, indem das chemischpositive, die Base, sich zum negativen (Silber-) Pol derselben begiebt, indeß das chemischnegative, die

Säure, zum positiven (Zink-) Pol geht. Wer die Genauigkeit und Empfindlichkeit der Volta'schen Säule in dieser Hinsicht erwägt, der wird sie gerne gegen die bisherigen Reagentien auf Acidität und Basicität (Lackmus und Curcumafarbe) eintauschen.

§. 130.

Dieß wäre die Beziehung des Voltaismus zur chemischen Qualität, in wiefern er der dynamischen entspricht, wissen wir noch nicht. — Würde sich aber fernerhin das Alkalische oder Basische auch als das vorzugsweise Dynamischwirksame erweisen, so würde der negative Pol der Säule ein bedeutendes Mittel für die Entdeckung desselben werden. — Genauere Erfahrungen sind jedoch hierüber noch zu erwarten.

2. Anorganische Reagentien.

§. 131.

Die anorganischen oder mineralchemischen Reagentien müssen hier, als aus der Mineralchemie bekannt, vorausgesetzt werden. Die Repräsentanten der chemischen Polarität, Base, Säure und die Neutralia: die Lösungsmittel und die Salze gehören hieher. Ihre Bereitung, Güte und Anwendung kann hier aber nicht gelehrt werden. —

§. 132.

Wenn zwey Körper auf einander einwirken, so werden gar oft die dabey statthabenden Erscheinungen durch das quantitative Ueberwiegen des einen oder des andern verändert, was zu Täuschungen und Mißdeutungen Anlaß giebt, und woraus wohl mitunter die widersprechenden Angaben über das Verhalten dieses oder jenes Stoffs gegen bestimmte Reagentien erklärlich seyn möchte; bey den so abweichend gefundenen Reaktionen mancher der sogenannten Gerbstoffhaltigen Vegetabilien gegen die Eisensalze war dieß ganz gewiß der Fall.

Dieser Willkührlichkeit bey der Prüfung der Stoffe gegen Reagentien muß ein Ziel gesetzt werden. Erfordert wird dazu nichts weiter als Genauigkeit beym Zusammengießen der Lösungen des Reagens mit Lösungen des zu prüfenden Stoffs, deren Gehalt genau bekannt ist. Der Verf. hat zu dem Ende seine zu Reagentien dienenden Salze in ganz gleichen Quantis Wasser gelöst, z. B. in einem Verhältniß von zwey Drachmen Salz in zwey Unzen Wasser, und bringt dann immer gleiche Menge derselben mit gleichfalls bestimmten Mengen des zu prüfenden Stoffs, in Berührung. Auf diese Weise muß derjenige, welcher die Versuche wiederholt, dieselben Resultate finden, vorausgesetzt, daß er mit gleichen Mengen experimentirt, und richtig die Erscheinungen beobachtet. — Bey der Anwendung der Eisensalze ist jedoch eine besondere Verdünnung nöthig, die in jedem speciellen Fall angeführt werden muß.

Anm. Da die bisherigen Chemiker sich nur selten einer solchen Genauigkeit befleißigten, und der Verf. auch erst später auf die Nothwendigkeit der Anwendung bestimmter Quanta von Reagentien aufmerksam wurde, so muß er bedauern, daß diese Genauigkeit seinen unten anzuführenden Prüfungen der Stoffe gegen Reagentien abgeht, und er nicht im Stande ist, (bey jedem Fall) zu sagen, in welchen Fällen das Reagens oder der Stoff vorwaltete: In Zukunft werden wir diesen Umstand, der Manchem nicht so wichtig dünkt, als er ist, genau berücksichtigen.

3. Organische Reagentien (besser Reagentien aus dem organischen Reiche).

§. 133.

Organisches und Dynamisches ist zweyerley, und unterscheidet sich wie Lebloses und Lebendiges. Das erwürgte Thier oder der einzelne Thier- und Pflanzenstoff ist noch organisch, aber nicht mehr dynamisch zu nennen, weil das, was man mit „Leben" bezeichnet, nicht mehr daran zu bemerken ist. Dennoch gehören beyde Zustände ausschließlich dem organischen Reiche an, daher die von uns sogenannten „organischen Reagentien" in zwey Hauptabtheilungen sich spalten, nehmlich in organische und dynamische.

A. Organische Reagentien (im engern Sinne).

§. 134.

Die organischen Reagentien zerfallen wieder entsprechend den zwey organischen Reichen: Pflanzen- und Thierreich, in zwey Hauptabtheilungen, nemlich

1. in organisch-vegetabilische Reagentien,
2. in organisch-animalische Reagentien.

§. 135.

Zu den organisch-vegetabilischen Reagentien gehören außer den schon bekannten alle neuen vom Verf. entdeckten Säuren und Basen, wovon die meisten unter sich und mit den mineralchemischen (anorganischen) Reagentien sich verbinden und dadurch eigenthümliche Erscheinungen bedingen. Wir erinnern hier nur an die in den analytischen Versuchen aufgeführte Chinabase und Chinasäure, Kaffebase und Säure, Gallusbase und Säure u. s. w.

§. 136.

Zu den organisch-animalischen Reagentien können unter Umständen alle Abgänge von Thieren und die Thierstoffe dienen, z. B. Blut, Harn, Milch, Eyweiß, Gallerte, Schleim, Eiter, die sich alle ganz eigenthümlich gegen die sogenannten Gerbstoffhaltigen Vegetabilien, die Metallsalze und andere Stoffe verhalten.

B. Dynamische Reagentien.

§. 137.

Hieher gehört alles, was Leben hat, das Pflänzliche sowohl wie das Thierische; wir unterscheiden daher

1. dynamisch-vegetabilische Reagentien,
2. dynamisch-animalische Reagentien.

§. 138.

Die dynamisch-vegetabilischen Reagentien sind die lebenden Pflanzen, die bisher als Reagentien weder erkannt noch angewandt sind. — Wenn erst das Verhalten aller dynamischen Potenzen des Mineral-, Pflanzen- und Thierreichs gegen die lebenden Pflanzen erforscht ist, dann gelangt man auch zu einer Arzneymittellehre und Toxicologie des Pflanzenreichs, wovon man bis jetzt kaum Ahnung hat.

Wir haben zu diesem Zwecke das Verhalten einiger Pflanzen gegen den narkotischen Stoff der Belladonna (die mit einer Lösung desselben im Wasser begossen wurden) erprobt, und werden im Folgenden von den Resultaten dieser Versuche umständlich Nachricht geben. — Geschehen derley Versuche nur mehrfach und im größern Umfange, so werden sich bald Erscheinungen zeigen und Erfolge ergeben, die die Pflanzen gleich den Thieren zu dynamischen Reagentien unentbehrlich machen.

Anm. 1. Hin und wieder hat man das Verhalten der Pflanzen gegen die genannten Potenzen erprobt, allein man fehlte dabey auf zweyfache Weise, einmal, daß man das Quantum des einwirkenden Stoffs nicht genug berücksichtigte, zweytens, daß man nicht selten durch mechanische Mittel die Pflanze schon zum Theil tödtete, was bey den Versuchen der Fall war, wo abgeschnittene Pflanzen in Lösungen der Giftstoffe gestellt wurden. Sie sind zwar nicht ohne Nutzen, gestatten aber keine genaue Folgerungen über das Reaktionsvermögen der lebenden Pflanze, gegen den feindlichen Stoff. — Sie sind den galvanischen Incitationsversuchen gleich, die ungeachtet ihrer Wichtigkeit doch keine directe Anwendung aufs Leben zulassen, weil sie an schon halb todten (nur noch vegetativlebenden) Thieren angestellt sind.

Anm. 2. Die Mimosen scheinen vorzugsweise zu Reagentien geschickt, daher behält sich der Verf. vor, über die Einwirkung der dynamischen Potenzen des Pflanzenreichs auf ihren Vegetationsproceß im Allgemeinen und auf ihren Bewegungsproceß der Blätter im Besondern, Versuche anzustellen. —

§. 139.

Die dynamisch-animalischen Reagentien, oder die lebenden Thiere sind für die Phytochemie von der größten Wichtigkeit, und namentlich einem Theile derselben, dem pharmacologischen, unentbehrlich. Ihr Umfang ist so groß wie das Thierreich selbst, denn jedes Thier kann dem Phytochemiker zum Reagens dienen.

§. 140.

Jedes Organ eines höhern Thiers hat als ein Insichgeschlossenes, Selbstständiges, die Bedeutung des Thiers im Thierleibe, und daher als Reagens denselben Werth wie ein niederes Thier, das im Grunde nichts anders als ein bestimmtes Organ eines höhern Thiers, nur frey und selbstständig geworden, darstellt. Niedere Thiere und Organe und Systeme höherer Thiere haben daher als Reagentien einen ganz gleichen Werth.

§. 141.

Wie im Mineral- und Pflanzenreich alle Wechselbeziehungen der Stoffe und die dadurch bedingten Erscheinungen eigenthümliche, specifische sind, so auch hier im Thierreiche. — Ein unsichtbares Band kettet alle Wesen an einander und vermittelt Beziehungen, deren Grundursache wir nie ergründen. — Eine große Menge Insekten leben auf und von einer bestimmten Pflanze, mit deren Entstehen sie geboren werden, und mit deren

Vergehen sie sterben. Andere leben auf und von mehreren, die jedoch unter sich natürlich verwandt sind. Alle übrigen Thiere haben bestimmte, eigenthümliche Nahrung, die sie vor aller andern zu suchen und zu finden wissen, und bestimmte Gifte, die ihnen zu meiden und zu fliehen ein gewisses bewußtloses Bewußtseyn, der „Instinkt" lehrt, mit einem Wort, ein Ding steht zu dem andern in einer eigenthümlichen Relation, die wir physiologisch mit Sympathie und Antipathie, chemisch mit größerer oder geringerer Verwandtschaft bezeichnen, deren Phänomene uns zwar vor Augen liegen, deren Triebfedern uns aber unbekannt sind.

§. 142.

Diese Facta nun, worin sich das, was wir specifisch nennen, so deutlich beurkundet, machen das Thierreich vorzugsweise geschickt zu Reagentien für die Ausmittelung der dynamischen Qualität der Pflanzenstoffe angewendet zu werden. Ihr zweckmäßiger Gebrauch offenbart Verhältnisse, die auch dem Physiologen von Intresse sind.

§. 143.

Ein den wissenschaftlichen Forderungen genügende Eintheilung der dynamisch-animalischen Reagentien ist sehr schwer, weil wir die mannigfaltigen Beziehungen der Thiere zum Pflanzenreich noch gar nicht kennen und uns eine Nahrungs- Arzney- und Giftlehre des Thierreichs noch gänzlich fehlt.

§. 144.

Im allgemeinen kann das Thier für zweyerley als Reagens dienen: einmal für den Stoff, welchen es sich vor vielen andern zur Nahrung wählt, ein andermal für denjenigen, der ihm zufällig oder absichtlich beygebracht, das Leben kostet. Mittelst der Fliegen wird man von hundert weißen Pulvern den Zucker, und von einer Menge bittrer Flüssigkeiten das Quassieninfusum zu unterscheiden im Stande seyn, abgesehen von allen andern Unterscheidungsmerkmalen. Die Fliege ist also in diesen Fällen ein Reagens für Zucker und Quassia. Eine Menge hieher gehöriger Beyspiele fallen dem Sinnigen von selbst ein.

§. 145.

Verfolgen wir dieß noch mehr ins Specielle, so tritt das Thier in allen den Fällen als Reagens auf, wo es seinen anderweitigen Trieben, Gelüsten und Bedürfnissen ein Genüge leistet oder leisten will. Die Männchen und Weibchen derjenigen Insekten, die sich sonst so sehr gleichen, kann man, abgesehen von allem anderweitigen Unterschiede, zur Begattungszeit ja sehr leicht unterscheiden. — Die Katze kann als ein Entdeckungsmittel für Nepeta cataria und Marum verum dienen; und wer einmal die Witterungskraft dieser Thiere für genannte Pflanzen auf die Probe gestellt hat, der wird ihnen unbedingt einen Platz unter den Reagentien für dieselben einräumen müssen. Die Schmeißfliege bezeichnet aashaftriechende Sachen dadurch, daß sie ihre Eyer darauf legt, und ein Hund unterscheidet genau den Ort vor vielen andern, wo ein anderer Hund urinirte, dadurch, daß er ihn einer gleichen Behandlung werth hält. Alle diese Dinge, die hier nur Beyspiels halber gegeben sind, verdienen Beobachtung, und gehören, chemisch angesehen, unter die Phänomene, welche Reagentien bedingen. Mancher wird lächeln und dadurch beurkunden, daß er selbst die Bedeutung des Reagens als eines Entdeckungsmittels nicht erfaßt hat, und sich, wenn ihm obiges nicht scheint, noch viel weniger dazu verstehen, dem präparirten Frosch als ein

Reagens

Reagens für den Electrochemismus, den Rhabdomanten als ein Reagens für die Metall-, Wasser- und Kohlenkraft und den Somnambul als eins dergleichen für die Menschenkraft anzusehen — ihm ist nicht zu helfen.

§. 146.

Für unsern (phytochemischen) Zweck unterscheiden wir die niedern Thiere und die Thierorgane und Systeme der höheren Thiere als Reagentien, wenn gleich philosophisch betrachtet, kein wesentlicher, sondern nur ein formeller Unterschied zwischen ihnen Statt findet.

1. Die niedern Thiere als Reagentien.

§. 147.

Hiezu qualifiziren sich vorzugsweise die Wasserthiere (weil ihnen der zu prüfende Stoff am besten beyzubringen ist), und zwar unter diesen die große Menge der verschiedenen Infusorien, die Kaulquappen, die Wasserwanzen (Notonecta), der Salamander (Triton s. Salamandra palustris et lacustris) und mehrere andere Wasserthiere, deren specielle Anwendung und Brauchbarkeit aber noch erst erforscht werden muß.

§. 148.

Die Anwendung der Infusorien als Reagentien hat ihre Schwierigkeiten, weil man, um die Veränderungen, welche sie durch die verschiedenen Potenzen erleiden, genau zu beobachten, sich des Mikroscops bedienen muß. Allein auch dieß ist bey einiger Uebung und Geduld leicht ins Werk zu richten, wovon uns der treffliche Gruithuisen („über die chemischen und dynamischen Momente bey der Bildung der Infusorien rc." Gehlen

Journal für Chemie und Physik 2c. VIII. Berlin 1809. p. 511 u. f.) ein so schönes Beyspiel gegeben hat. Er fand unter andern folgendes:

1. Ein Tropfen Camphorinfusum wurde zu einem Tropfen einer sehr belebten Infusion gebracht; die kleinern Infusorien starben nach einigen Minuten, einige der größten Ovalthierchen lebten länger und bekamen vorn und an den Seiten größtentheils Blasen, die durchsichtig waren — sie starben dann nach einer halben Stunde. Der Todeskampf machte, daß sie sich immer wälzend bewegten.

2. Der Aufguß der Asa foetida verursachte mehrere Minuten ein äußerst schnelles Durcheinanderbewegen der Infusorien — nach und nach wurde alles wieder ruhig und sie lebten fort.

3. Die Rinde der wilden Castanie wirkte auf gleiche Weise.

4. Galläpfelinfusum tödtete sie ohne Gestaltveränderung in einer halben Stunde und ohne daß sie eine auffallende Bewegung äußerten.

5. Der Aufguß vom spanischen Taback veränderte ihre gewöhnliche Bewegung in ein schnelles Drehen um ihre Längenaxe, während sie immer auf einem Fleck stille hielten — Es hörte in 15—20 Sekunden auf, und sie erholten sich wieder.

6. Durch eine geringe Menge Gummi Kino starben sie tanzend und langsam. That Gruithuisen größere Quanta hinzu, so war alles wie vom Blitz getroffen todt.

7. Das Infusum vom flüssigen Kienruß tödtete sie in einer halben Stunde mit großer Unruhe und Abmagerung, so daß zuletzt nur die Bälge, zusammengeschrumpft, sichtbar waren.

8. Verdünnte Opiumtinktur betäubte sie, daß sie tanzten und überschlugen, sie starben in wenigen Sekunden. Die Räderthiere halten in der Opiumlösung lange aus. G. sah sogar eine Art, die eine Portion davon verschluckten, so, daß er es in ihrem Darmkanal sah, und dennoch lebten sie munter fort.

9. Der Aufguß von Bibergell tödtete nur die größern Gattungen, sie bekamen an den Seiten grosse Blasen. Die kleinern Gattungen kamen gut darin fort.

10. In Cantharideninfusum leben sie nicht allein ruhig fort, sondern gedeihen besser, und vermehren sich sehr schnell durch Vertheilung und Entstehung neuer Arten und Gattungen u. s. w.

Die Wichtigkeit dieser Versuche und ihrer Resultate leuchtet Jedem von selbst ein, und es wäre zu wünschen, daß der geschickte Experimentator sie wieder aufnähme, und durch die in diesem Werke niedergelegten phytochemischen Entdeckungen veranlaßt würde, das Verhalten der Infusorien gegen die Hyoscyamus-, Belladonna- und Daturabase, so wie gegen die basischen Stoffe von Aconit, Conium und Ledum palustre u. s. w. zu versuchen. Er würde dadurch der Arzneymittellehre der Thiere eine Grundlage, den lebenden Reagentien einen großen Zuwachs, und der Lehre von den specifischen Wirkungen der Stoffe eine große Stütze gewinnen! —

§. 149.

Um zu erfahren, wie und wo der Salamander mit Nutzen als Reagens gebraucht werden kann, verfährt man folgendermaßen: Man macht Aufgüsse von den zu prüfenden Giftpflanzen, füllt sie in (Bier-) Gläser und setzt in jedes einige Salamander, und beobächtet nun von Stunde zu Stunde die mit ihnen vorgehenden Veränderungen, wobey sich gar verschiedene Resultate ergeben werden, so daß einige den Salamander in sehr kurzer Zeit tödten, andere ihn hingegen gar nicht affiziren, wie folgende, nur vorläufig von uns angestellte Versuche, beweisen:

Der Salamander stirbt in einem Aufgusse

von	Ledum palustre . .	binnen	1	Stunde
—	Digitalis purp. . .	—	1	— —
—	Kaffe	—	2	— —
—	Nicotiana fruticosa .	—	2	— —
—	Solanum verbascifolium	—	7	— —
—	— — lycopersicum	—	8	— —
—	Viola tricolor . .	—	18	— —
—	Chelidonium majus .	—	24	— —
—	Coronilla coronata .	—	26	— —
—	— — varia . .	—	50	— —
—	Aconitum napellus .	—	30	— —
—	— — Lycoctonum	—	7	Tage
—	Conium maculatum .	—	9	—

Anm. 1. Die Versuche wurden mit dem Aufgusse des frisch getrockneten Krautes in einem Verhältnisse von einer Drachme Kraut auf sechs Unzen Wasser gemacht — ausgenommen beym Kaffe, wo noch einmal so viel (und zwar von dem gerösteten) angewandt wurde.

Anm. 2. Da diese Versuche meist nur in den Frühlings- und Sommertagen angestellt werden können, so ist bey Aufgüssen, die in den ersten 24 Stunden den Salamander nicht tödten, wohl zu beachten, daß sie in einen Zustand der Selbstentmischung übergehen (gähren), die dem Salamander nicht selten unabhängig von allem Gifte, das Leben kostet.

§. 150.

Abgesehen von allen anderweitigen intressanten Folgerungen, welche sich aus diesen wenigen Versuchen ziehen lassen, wird vor allem die leichte Anwendbarkeit des

Salamanders als Reagens oder als Entdeckungsmittel des Dynamischwirksamen gewisser Pflanzen, klar. Zur Auffindung des sogenannten narkotischen Stoffs im Ledum, in der Digitalis und im Kaffe ist er ganz unfehlbar. — Man zerlegt diese Vegetabilien nach der (im III. Capitel) angegebenen Zerlegungsweise, löst gleiche Quanta der durch die Zergliederung erhaltenen Stoffe in Wasser, schöpft die Lösungen in (Bier-) Gläser, und bringt in jede einen Salamander. In mehreren dieser verschiedenen Stofflösungen wird er ruhig fortleben, dahingegen in der einen innerhalb einer Stunde sterben, was alsdann ein Beweis ist, daß hierin das wirksame Prinzip der untersuchten Pflanzen enthalten ist. Auf diese Weise ist es dem Verf. gelungen, den eigenthümlichen Stoff der Digitalis, des Ledums, des Kaffes und anderer aufzufinden und isolirt darzustellen.

§. 151.

Die Sache ist noch zu neu und anderweitige Beobachtungen fehlen zu sehr, als daß über den Werth dieses Reagens jetzt schon entschieden werden könnte; jedoch ist kein Zweifel, daß die allgemeinere Anwendung desselben uns noch manchen Aufschluß über das Dynamischwirksame vieler Pflanzen, namentlich der noch so sehr problematischen Giftpilze geben wird, die zwar schon mehreremale (von Schrader und Braconnot) untersucht, aber noch so wenig erforscht sind, daß man den Träger ihrer Wirksamkeit nicht kennt. —

§. 152.

Eine Hauptaufgabe, um aus diesem Reagens den größtmöglichen Nutzen für die Phytochemie zu ziehen wäre, daß man vorläufig sein Verhalten gegen alle entweder giftig oder sonst kräftig wirkenden Pflanzen prüfte, um nur erst zu wissen, bey welchen Pflanzen es mit

Nutzen zur Auffindung des dynamischwirksamen Stoffs dienen könnte. Die Wichtigkeit dieser Versuche ist zu groß, als daß sich der Verf. nicht der Anstellung derselben für die Zukunft gerne unterziehen sollte — sie führen unfehlbar zur Entdeckung einer Menge neuer Stoffe!

Anm. Unser Freund, der Dr. Carl David Heise, hat sich unlängst durch eine ähnliche Arbeit um die Phyterchemie verdient gemacht, und das Verhalten einer Menge frischer Pflanzensäfte gegen das Auge (mittelst örtlicher Applikation) geprüft, und die zwar größtentheils negativen, aber doch intressanten Resultate in seinem Specimen inaugurale „de venenorum vegetabilium effectu in oculos" Gottingae, niedergelegt.

§. 153.

Die Kaulquappen und die Notonecta sind für den Phytochemiker von nicht minder bedeutendem Werth. Sie werden vorzugsweise da Anwendung finden, wo der Salamander als untauglich befunden worden, z. B. bey der Aufsuchnng des Wirksamen im Conium, im Aconit, in der Jacea, in Solanum u. s. w., was aber auch alles erst auf dem Wege der Erfahrung erprobt und verglichen werden muß.

§. 154.

Natürlich sind alle übrigen Wasserthiere, die in, aber nicht auf dem Wasser leben, einer gleichen Benutzung und Anwendung fähig, und es muß dahin kommen, daß wir für jede vorzugsweise dynamischwirksame (oder Arzney-) Pflanze ein Thier auffinden, das ein untrügliches Reagens für ihren Hauptbestandtheil abgiebt. Man wird dann auch einsehen, was eine Arzneymittellehre des Thierreichs der Phytochemie nützt, abgesehen von allen andern Resultaten, die sich aus diesen einmal erforschten Beziehungen zwischen Pflanzen und Thieren, ergeben.

§. 155.

Die Fische sind weniger zu Reagentien geschickt, weil sie durch so manche Zufälligkeiten schon ums Leben kommen, und daher keine reinen Resultate geben. Wenn man sie anwendet, muß man um sicher zu gehen, viele auf einmal nehmen. — Steckling oder Stichlinge, (Gasterosteus aculeatus), die in manchen Gegenden in so ungeheurer Menge sich finden, wären hiezu wohl am geschicktesten.

2. Die Organe und Systeme der höhern Thiere als Reagentien.

§. 156.

Wenn ein Stoff, der alle Organe des Leibes auf ganz gleichmäßige Weise affizirt (also keine Differenzen setzt) und der freyen Einwirkung ihrer Vitalkräfte sich bequemt, als die vollkommenste Nahrung gelten muß (§. 78—81.), so ist hingegen der Stoff, der ein Organ oder System vor allen andern affizirt und überwältigt, das stärkste Gift, weil er die größte Differenz im Organismus hervorruft. Hieraus folgt, daß jeder Gift- und Arzneystoff, die nur relativ verschieden sind, vorzugsweise auf **ein Organ** des ganzen Thierleibes einwirke, dadurch ein Specificum sey und das specifisch affizirt werdende Organ wiederum ein Reagens oder Entdeckungsmittel für den Stoff abgebe. So sind z. B. die **Lungen** Reagentien für Polygala senega, Phellandrium u. s. w., die **Leber** für Chelidonium, Aloe rc., die **Harnwerkzeuge** für Spargel, Pyrola, Uva ursi u. s. w., der **Uterus** und die **männlichen** Theile für Sabina, Crocus, Vanilla rc., der **Darm** für sogenannte Drastica, das Knochensystem für das Färbende des Krapps und mehr dergleichen bekannte Beziehungen.

§. 156a.

Da bey höheren Thieren nur Organe oder Systeme als Reagentien dienen können, so müssen diese Erfahrungen uns leiten, von ihnen auf eine zweckmäßige Weise Gebrauch zu machen. Thiere mit vorwaltendem Venen- und Lebersystem werden vielleicht für Aloe und Chelidonium, die mit einem sehr ausgebildeten Lungen- und Arteriensystem vielleicht für die Lungenspecifica, die welche eine sehr regsame Geschlechtssphäre haben, vielleicht für die sogenannten Aphrodisiaca als Reagentien dienen können. Jedoch kann dieß nur allgemein angedeutet werden, um daran den Faden für die Untersuchung zu knüpfen, sie möge alsdann auch entscheiden, ob der hier gewagte Schluß von Menschen auf Thiere sich rechtfertigen läßt. —

§. 157.

Es ist hier zu unterscheiden, ob man den zu prüfenden Stoff direkt oder indirekt mit dem Organ in Berührung bringt. Im letzteren Fall geschiehts meistens durch Magen und Darmkanal, und da ist er manchen Modificationen ausgesetzt. Daher ist die direkte Application immer vorzuziehen, aber doch nur anwendbar bey den mehr mit der Außenwelt communizirenden Organen, z. B. bey den Sinn-, Geschlechts-, Haut- und Darmorganen.

Die Sinnesfunctionen und Sinnesorgane als Reagentien.

§. 158.

Die erstern sind: Gefühl, Geschmack, Geruch, Gesicht, die letztern hingegen: Haut, Mund, Nase, Auge.

§. 159.

Die Sinnesfunction dient nur indirekt zu einem Reagens, denn sie tritt nicht direkt wie das eigentliche Reagens mit dem, (auf seine Qualität) zu prüfenden Stoff, in Wechselwirkung. Das eigentliche Reagens zeigt die qualitative Beziehung des zu erforschenden Stoffs dadurch an, daß es sich mit ihm in ein inniges Wechselverhältniß einläßt. So nicht das Sinnorgan vermittelst seiner Funktion! Dieses fühlt nur die Wechselwirkung zwischen zwey oder mehreren gegebenen Stoffen, ruft sie aber keinesweges hervor. Die Sinnesfunktion ist demnach nichts weiter als ein Mittel, das Subjekt von dem Daseyn eines bestimmten Wechseleinflusses zwischen zwey Körpern zu benachrichtigen.

Anm. Man sieht hieraus zugleich, daß die Definition des Reagens als eines Entdeckungsmittels als zu einseitig auch nicht bestimmt genug ist, denn die paßt auch auf den Sinn, der zwar die Qualität bemerkt und entdeckt (fühlt), allein sie weder hervorruft noch anregt. Das ist aber das ächte Reagens, das mit einem bestimmten Stoff sich in einen solchen Conflikt einläßt, daß letzterer dadurch seine ihm wesentlichen Eigenschaften oder Qualitäten kund giebt. Alles andere ist nur indirekt Reagens.

§. 160.

Alle Sensation beruht nehmlich auf das Entladen derjenigen Spannung an das Sinnorgan, welche zwischen zwey auf einander wirkenden Körpern statt hat. So entladet sich beym Schmecken die polare Aktion zwischen Stoff und Wasser, beym Riechen diejenige, welche sich zwischen Stoff und Luft eingestellt hat (wenn sie aufeinander wirken) an das Sinnorgan und so fort.

§. 161.

Die Sinnorgane können, abgesehen von der Funktion, zu eigentlichen oder direkten Reagentien dienen. Sie sind vor allen Organen am selbstständigsten ausgebildet, und stellen gleichsam für sich bestehende Thiere, nur mit dem Körper zusammengewachsen, vor. Sie können auf zweyfache Weise zu Reagentien werden, einmal durch die Veränderung, welche sie in ihrer Form, Mischung und Lebensthätigkeit durch einen chemisch oder dynamisch wirksamen Stoff erleiden, ein andermal durch Alienation ihres Vermögens zu fühlen (zu sensiren) durch Beybringung ähnlicher Potenzen, welche Veränderungen jedoch oft zusammen fallen möchten.

§. 162.

Der Geschmack ist der Sinn, durch welchen die chemische Qualität des Stoffs (das Saure, Basische oder Scharfe, und das Neutrale oder Fade) gefühlt wird und zum Bewußtseyn gelangt. Er ist demnach ganz vorzüglich ein Entdeckungs- und Unterscheidungsmittel für die Modificationen dieser Qualitäten, und daher dem Chemiker unentbehrlich. Das Geschmacksorgan kann, abgesehen von seiner Funktion, als dem Aeussern mehr preis gegeben, dazu dienen, die ätzende oder zerstörende Wirkung mancher vegetabilischer Stoffe zu erproben, und erfährt so eine ähnliche Anwendung wie die Haut, die (abgesehen von ihrem Gefühlssinne) ein sehr gutes Reagens für das rothmachende Prinzip des Sinapis, der Daphne und anderer abgiebt. Insofern nun eine partielle Zerstörung des Organs auch die Function ändert, insofern ist das abnorme Sensiren auch ein Beweis für die besondere Einwirkung des Stoffs.

§. 163.

Wenn der Geschmack die Mannigfaltigkeit der chemischen Qualität dem Subjekt zum Bewußtseyn bringt, was nur durch Vermittlung des Wassers (durch Gelöstseyn) möglich ist, so erhalten wir andererseits mit

Hülfe des **Geruchs** die Kunde von den Verschiedenheiten einer bestimmten physikalischen Qualität des Stoffs, die er in Wechselwirkung mit der Luft entwickelt. Alles Riechbare ist Produkt der polaren Spannung zwischen Stoff und Luft, und der Geruch ist der Sinn, wodurch wir diese Wechselaktion zwischen beyden **fühlen**. Er ist also in diesem Sinn ein Reagens oder Entdekkungsmittel für diejenige Qualität des Stoffs, welche die Lufteinwirkung in ihm anregt oder entwickelt, und welche von der Art ist, daß sie den Geruchssinn auf eigenthümliche Weise affizirt. —

Uebrigens kann die Nase als Organ (abgesehen von ihrer Sinnfunktion) als Reagens für manche Stoffe dienen, z. B. gleich dem Geschmacksorgan für das **Scharfe**, welches, so lange die Nase kräftig reagirt, jene eigenthümliche Explosion, die wir **Niesen** nennen, bedingt.

§. 164.

Mit Hülfe des **Gesichts** erhalten wir Kunde von Eigenschaften, welche ein Stoff in Conflikt mit dem Lichte entwickelt — **ohne Licht giebt es keine Farbe, und ohne Gesicht fühlen wir keine**; das Gesicht ist demnach, subjektiv betrachtet, ein **Farbenreagens**. Insofern das Auge auch tastet, kann man sagen, es fühle die Form, und ist in dieser Beziehung auch **Formenreagens**.

§. 165.

Es ist, wie schon (§. 159. Anm.) gesagt, der Begriff Reagens auf die Sinne als Funktionen übertragen, nicht richtig, sondern zu weit ausgedehnt. Denn ist Reagens ein Körper oder eine Potenz, durch deren eigenthümliche Einwirkung auf einen andern Stoff, letzterer genöthigt wird, die derselben entsprechende Qualität zu äußern (also einige seiner Eigenschaften zu enthüllen), so ist das wahre Reagens für die Geschmacksqualität nur das Wasser (§. 125.), für die Geruchsqualität nur die Luft (§. 126 u. 127.), für die Gesichtsqualität (Farbe) nur das Licht (§. 121.), für die Gefühlsqualität (Formung) nur die Schwere (§. 123.), weil ein Stoff nur durch Conflikt mit dem Wasser schmeckbar, nur durch Hülfe der Lufteinwirkung riechbar, nur durch Kampf mit dem Lichte sichtbar, und endlich nur durch Wechselwirkung mit der Erdkraft (Schwere) fühlbar ist. Es wird hieraus genugsam klar, wie die fungirenden Sinne nur Reagentien secundärer Art sind; sie benachrichtigen das Subjekt von Stoffqualitäten, die nicht durch Wechselwirkung des Sinnes mit dem Stoff entstehen, sondern außerdem vorhanden sind. Es ist daher inconsequent, das Gesicht (in den Analysen) als ein Reagens für Formung und Färbung, den Geruch als ein Reagens für das Elektrische oder Riechbare, den Geschmack als eins für das Chemistr- oder Schmeckbare u. s. w. aufzuführen, weil man mit gleichem Rechte fordern kann, daß alle Erscheinungen, welche die anorganischen oder mineralchemischen Reagentien geben (Niederschläge, Farbenänderungen u. s. w.) unter die Rubrik „Gesicht" anzuführen, da wir ja nur mittelst dieses Sinnes von ihrem Daseyn oder Werden, Kunde bekommen, was aber gegen alle Analogie und die bisherige Art, die Reagentien zu betrachten, wäre (abgesehen von der Unrichtigkeit). Sollten wir aber die Sinnen als Reagentien ganz außer Acht lassen, und sie in den analytischen Versuchen gar nicht beachten? Dieß war auch nicht möglich, denn was würde man sagen, wenn wir die Geschmacksqualität des Stoffs unter der Rubrik „Wasser", die Geruchsqualität unter „Luft" u. s. w. angeführt hätten, was doch, wenn man Farbe unter „Licht", Formung (Cristallisation) unter „Schwere" stellt, von Rechtswegen hätte geschehen müssen und ganz consequent wäre. — Die philosophische Betrachtung der Natur hat aber noch zu wenig Eingang gefunden, daher wir in diesen Fällen lieber eine Inconsequenz, zum Nutzen und Frommen der Deutlichkeit, begehen —

§. 167.

Das Gesichtsorgan, das Auge, ist ein merkwürdiges, sehr brauchbares Reagens, das eine weit ausgedehntere Anwendung zuläßt, als die Geschmacks- und Geruchsorgane. Es stellt, wenn man es seiner innersten Wesenheit nach auffaßt, den ganzen Organismus im Kleinen wiederholend dar, und beurkundet die hohe Stufe der Ausbildung mittelst der Durchsichtigkeit, wodurch es sich den Blicken des Beobachters ganz enthüllt, und frey eine Beschauung seines Innersten gestattet.

§. 168.

Das Bewegungsorgan des Auges, die Iris, in ewiger Beweglichkeit schwankend zwischen den beyden Extremen Finsterniß und Licht, ist es, was das Auge vorzugsweise zum Reagens macht. Die Iris stellt den Muskel und überhaupt das irritable System im Auge dar, und daher wird die Wirkung von Stoffen, die mit diesem Systeme in näherer Beziehung stehen, sich auch hier abspiegeln. Sie wird in Contraktion fortgerissen: in eine erhöhte Thätigkeit versetzt, wenn sie mit potenzirenden Mitteln des irritablen Systems in Contakt gebracht wird, und berechtigt aus diesem Grunde zu dem Schluß, daß wenn solche Erscheinungen, wie die genannten, sich zeigen, sie von der Anwendung (direkt oder indirekt) potenziirender Mittel des irritablen Systems herrühren. — Hiedurch wird also die Iris zum Reagens.

§. 168.

Was dem ganzen Körper einverleibt schon die Iris affizirt, wird sie in noch größere Thätigkeit versetzen, wenn man es direkt auf sie einwirken läßt, daher dieselben Mittel örtlich angebracht (aufs Auge), noch weit deutlicher und sicherer die Reaktionen der Iris bedingen. Belladonna, Hyoscyamus und Datura stehen unter den die Iris specifik affizirenden Dingen oben an, und beurkunden sich durch ihre die Iris contrahirende und damit gleichzeitig gegebene Pupillenerweiternde Eigenschaft als mächtige Potenzen des irritablen Systems. Ein Tropfen des frisch gepreßten Saftes oder des concentrirten Aufgusses, erweitert (ins Auge getröpfelt) die Pupille an 12—24 Stunden lang. Diese Erweiterung durchläuft ihre bestimmten Stadien, erreicht ihre Akme in der zweyten oder dritten Stunde nach der Applikation, und nimmt dann so successive ab, bis alle Differenz zwischen beyden Pupillen verwischt ist. Der Verlauf und die Dauer dieser Pupillendilatation hängen natürlich mit von dem Quantum des ins Auge gebrachten narkotischen Stoffs ab. Dem Phytochemiker kümmert jedoch nicht das Wie? der Erweiterung: der typische Verlauf, sondern nur das Ob? des Erfolgs. Ersteres ist ein Gegenstand mannigfacher Betrachtung für den Physiologen (§. 171.).

§. 169.

Nachdem nun einmal die Iris als das Reagens für das Wirkende der drey genannten Narkotica erkannt war, konnte die Entdeckung und reine Darstellung des narkotischen Stoffs selbst nicht fehlen, und dem Verf. gelang es bald, denselben mit Hülfe der Iris isolirt darzustellen, wobey er im Allgemeinen wie bey der Anwendung anderer dynamischer Reagentien, z. B. des Salamanders (§. 149.) verfuhr. Es wurden die drey genannten Narkotica (Bell., Hyosc. und Datura) nach der (im III. Capitel) angeführten Zerlegungsweise zergliedert, und das Verhalten eines jeden rein dargestellten Bestandtheils derselben, durch örtliche Application gegen die Iris geprüft, wobey sich ergab, daß nur einer die Pupillenerweiterung hervorbrachte, dieser war also der Träger der narkotischen Wirkung dieser Pflanzen. (Das Weitere siehe unten bey den Analysen selbst im V. Capitel).

§. 170.

Dieß ist die eine, dem Phytochemiker bey seiner Analyse frommende, Anwendungsart dieses Reagens, eine andere, wodurch es dem Toxicologen sehr wichtig wird, hat der Verf. in seiner Abhandlung: De nova methodo veneficium Belladonnae, Hyoscyami nec non Daturae explorandi, Jenae 1819, gezeigt und muß den gerichtlichen Arzt darauf verweisen.

§. 171.

Auch für den Physiologen eröffnet dieses Reagens ein weites, noch unbetretenes Feld der Wirksamkeit, da es ihm vielleicht ein Mittel an die Hand giebt, das Vorwalten der Sensibilität oder Irritabilität bey den verschiedenen Thieren durchs Experiment zu erweisen. Vielleicht findet er folgenden Satz, den der Verf. nur muthmaßlich ausspricht, bestätigt: Je sensibler das Thier, desto schwächer, je irritabler, desto stärker die Pupillenerweiterung (bey gleichen Mengen des angewandten Stoffs). (Das Weitere hierüber siehe bey den Analysen der drey genannten Narkotica).

§. 172.

Wenn es Pflanzenstoffe giebt, die die Iris contrahiren, also die Pupille erweitern, so kann es auch Iris expandirende (Pupille verengernde) geben, für welche gleichfalls die Iris als Reagens, nur im umgekehrten Verhältnisse, dienen könnte. — Die Entdeckung solcher Stoffe ist noch zu erwarten.

§. 173.

Für die Pupille erweiternden und dieselbe verengernden Stoffe kann nicht eine Gattung von Thieraugen dienen, sondern man muß sich nach verschiedenen umsehen. Daher werden Thieraugen mit ursprünglich erweiterter Pupille für die die Iris expandirenden, und solche, die eine enge Pupille haben, für die die Iris contrahirenden Stoffe als Reagentien dienen können. In letzterer Beziehung hat der Verf. das Auge junger Katzen, deren Pupille am Tage fast gänzlich geschlossen ist, mit großem Nutzen angewandt. Diese Thierchen kann man leicht an sich gewöhnen, auch ertragen sie, wenn man nur einigermaßen sanft verfährt, die Operation (des Applizirens) ganz geduldig. Zur Auffindung und nähern Charakteristik der noch problematischen Pupilleverengernden Stoffe wären vielleicht Kaninchenaugen sehr geschickt, die selbst bey starkem Tageslichte noch einen sehr weiten Augenstern haben.

Beschluß.

§. 174.

Da die Iris bey den Analysen der genannten drey Narkotica eine so wichtige Rolle spielt, so wird es nicht überflüssig seyn, über die Art ihrer Anwendung zu diesem Zwecke, über die Beobachtung ihrer Veränderung und die Gradbestimmung der durch das Narkoticum her-

vor-

vorgerufenen Wirkung, noch etwas ausführlich zu reden, und die Momente anzugeben, die dabey Beachtung verdienen.

§. 175.

Vorsichtsmaßregeln bey der örtlichen Applikation des zu erforschenden narkotischen Stoffs *) aufs Auge.

1. Die Qualität des zu Prüfenden betreffend.

Alles Scharfe, Aetzende, das Auge zu Thränen reizende muß vermieden, und aus der Flüssigkeit, die man aufs Auge bringen will, entfernt werden, weil sonst der Versuch theils mißlingt, theils getrübt wird. Daher sind Säuren oder Alkalien durch ihre Gegensätze zu neutralisiren.

2. Die Quantität betreffend.

Da es darauf ankommt, daß das Quantum, welches man aufs Auge bringt, auch ganz absorbirt werde und nichts verloren gehe, so applizirt man zur Zeit immer nur sehr wenig, etwa ½ Tropfen, denn von größeren Mengen fließt das Meiste wieder ab.

3. Ueber den Ort und die Art der Applikation.

Man biegt mit Daumen und Zeigefinger die Augenlieder etwas auseinander, und wischt die Flüssigkeit am Rande des untern Augenliedes ein, hält dann den Kopf des Thiers aufwärts, und verschließt das Auge.

*) Unter „narkotischen Stoff" wird hier immer nur das Wirksame der drey genannten Narkotika: Belladonna, Hyoscyamus und Datura verstanden.

Anm. Es versteht sich, daß man sich für den gewöhnlichen Zweck nur des einen Auges bedient, um so desto besser den Gegensatz zwischen normaler und abnormer oder erweiterter Pupille beysammen zu haben und mit einem Blick übersehen zu können.

4. Vehikel der Applikation.

Hiezu dient ein feiner Haarpinsel, womit die Flüssigkeit sehr bequem ins Auge gewischt werden kann.

§. 176.

Vorsichtsmaßregeln bey der Beobachtung des Effekts.

1. Das Licht, als die Pupillen verengernde Potenz, strebt die Erweiterung derselben durch die Narkotica stets zu schmälern, so wie gegentheils der Schatten und die Finsterniß sie vermehren. Die Nichtbeachtung beyder Einwirkungen kann daher bey der nähern Bestimmung der narkotischen Kraft Unrichtigkeiten veranlassen. Man betrachte zu dem Ende stets die Augen nach der Lichtseite (des Taglichtes) gekehrt; es verengert sich dabey die normale Pupille wie gewöhnlich, indeß die durch den narkotischen Stoff erweiterte selbst im starken Sonnenlichte nur um ein sehr Geringes enger wird.

2. Auf geringe Dosen des applizirten Stoffs erfolgen auch nur schwache Reaktionen der Iris, daher es, um die Differenz der Pupillen gehörig wahrzunehmen, nöthig ist, daß man beyde Augen auf einmal übersieht. Aus diesem Grunde sind Katzen allen andern Hausthieren vorzuziehen. Hunde taugen nicht wegen ihrer runden Pupille, so auch Kaninchen, bey denen die Beobachtung und Vergleichung des Effekts, wegen der Unmöglichkeit, beyde Augen auf einmal zu beobachten, sehr schwierig ist.

3. Die Iris als das Lichtathmungsorgan des Auges ist in steter oscillatorischer Bewegung, Diastole und Systole begriffen, was sich bey einem schnellen Wechsel von Finsterniß und Licht sehr deutlich zeigt. Daher muß man, um die Stärke der Erweiterung nicht zu hoch anzuschlagen, das Auge eine halbe bis eine ganze Minute lang beobachten, damit die durch den Lichtwechsel hervorgerufene Oscillation erst ein wenig in Ruhe kommt.

§. 177.

Vorsichtsregeln bey Bestimmung der Intensität des narkotischen Stoffs.

Hier gilt es zu bestimmen

a. den Moment des Eintritts zur Wirkung,

b. den Zeitpunkt des höchsten Grades oder der Akme der Wirkung,

c. das Ende oder Aufhören der Wirkung.

Hiezu wird außer einer Beobachtung von Stunde zu Stunde noch ein gutes Augenmaß zur genauen Schätzung der Differenz zwischen beyden Pupillen erfordert. Es ist zu dem Ende nöthig, daß man anfangs alle viertel, dann halbe und zuletzt alle Stunden beobachtet, und den jedesmaligen Grad der Erweiterung so genau wie möglich aufzeichnet. Aus der längern oder kürzern Zeit zwischen dem Momente der Applikation und dem Anfang der erfolgenden Wirkung, zwischen diesem und der eintretenden Akme, und endlich zwischen der Akme und dem Minimo, oder dem Schwinden der Erweiterung, wird man nun im Vergleich mit den Stadien, die ein anderer Stoff, z. B. der des Hyoscyamus, hervorruft, die Intensität des erstern, z. B. den von der Belladonna schätzen, und erfahren, welcher von beyden schneller, stärker und anhaltender wirkt. Hiezu wird aber folgendes erfordert: daß

1. gleiche Quanta von beyden zu prüfenden Stoffen angewandt werden.
2. Die Applikation beyder Stoffe und die Beobachtung ihres Effekts unter gleichen Umständen, also zu derselben Tageszeit und bey gleichem Witterungszustand gemacht wird.
3. Ein und dasselbe Thier (Katze) zu diesen vergleichenden Versuchen angewandt wird. — Um dieß möglich zu machen, läßt man, ehe der neue zu prüfende Stoff applizirt wird, ein bis zwey Tage verstreichen, damit in dieser Zeit die durch den andern Stoff erweiterte Pupille erst durch das organische Indifferenzirungsvermögen wieder zur Harmonie gebracht werde.

Anm. Die Bestimmung des Grades der Pupillenerweiterung nach dem Augenmaaß giebt nicht die gehörige Genauigkeit, daher ein Mittel zur genauern Bestimmung sehr wünschenswerth. — Die Physiologen mögen ihren Scharfsinn üben, und ein Instrument, einen Pupillenmesser, erfinden. —

§. 178.

Endlich ist es noch nothwendig, die Verfahrungsart anzugeben, vermöge welcher man im Stande ist, die Empfindlichkeit des Reagens für den narkotischen Stoff zu prüfen.

Hiezu verfertigt man sich eine Lösung aus einem Gran des narkotischen Stoffs in zwölf Unzen oder 5,760 Gran Wasser. Bringt davon z. B. einen halben Gran (der $2 \times 5{,}760 = \frac{1}{11{,}520}$ Gran des narkotischen Stoffs enthält) aufs Auge, und beobachtet genau das Eintreten, die Dauer und die Größe der hierdurch hervorgebrachten Pupillenerweiterung. Für die genaue Bestimmung des jedesmaligen Quantums, so man aufs Auge bringt, scheinen einige Schwierigkeiten obzuwalten, die sich jedoch durch Uebung und Aufmerksamkeit leicht beseitigen lassen. Man nimmt nehmlich einen kleinen feinen Haarpinsel, und mittelt durch mehrfache Versuche mit Hülfe einer genauen Wage aus, wie viel er von der genannten Lösung zu fassen im Stande ist; nun gesetzt, er nähme auf einmal nur einen viertel Gran der Flüssigkeit auf, so bringt man zwey Haarpinsel voll aufs Auge und so fort — (siehe Cap. V.)

Anm. Die anderweitige Anwendungsart dieses Reagens sehe man bey der Analyse der Narkotica selbst, so wie Capitel X., das von den quantitativen Bestimmungen ohne Maß und Gewicht handelt.

Drittes Capitel.

Zerlegungsweise der Pflanzen.

Die in den phytochemischen Prinzipien (§. 21—25.) geschichtlich dargelegten Zerlegungsweisen (die hydrochemische oder Extractionsmethode, und die halochemische oder Präcipitationsmethode) finden hier ihre specielle Anwendung, so daß diesen entsprechend der Gang der Pflanzenzergliederung in zwey große Abschnitte zerfällt.

Der erste Abschnitt begreift in sich die Ausziehung der pflänzlichen Stoffverbindungen durch die chemischindifferenten Lösungsmittel: Wasser, Weingeist, Alkohol.

Der zweyte Abschnitt besteht in der Scheidung der miteinander organisch verbundenen, durch die Lösungsmittel aufgenommenen Stoffe, vermittelst der Salze.

Der erste Abschnitt ist die Anwendung der hydrochemischen oder Extractionsmethode, der zweyte die der halochemischen oder Präcipitationsmethode.

Erster Abschnitt.

Ausziehung der organischen Stoffverbindungen (Hydrochemische oder Extractionsmethode).

A. Durch Wasser:

1. durch kaltes Wasser,
2. durch warmes Wasser,
3. durch kochendes Wasser.

B. Durch Weingeist:

1. durch kalten Weingeist,
2. durch warmen Weingeist,
3. durch kochenden Weingeist.

C. Durch Alkohol:

1. durch kalten Alkohol,
2. durch warmen Alkohol,
3 durch kochenden Alkohol.

Anm. 1. Es kann Fälle geben, wo auch fetts und ätherische Oehle, Aether, Laugen und Säuren als Lösungsmittel nothwendig sind, allein im Ganzen sind sie selten, und nur unter solchen Umständen zu gebrauchen, deren Beurtheilung dem Kundigen selbst überlassen bleiben muß.

Nähere Bestimmungen bey der Ausziehung der Pflanzenstoffe.

Behalten wir nur die drey aufgeführten Lösungsmittel: Wasser, Weingeist und Alkohol im Auge, so lassen sich je nach der frühern oder spätern Anwendung derselben mehrere Fälle unterscheiden:

1. Wo das Vegetabil erst mit kaltem, dann mit warmen, und endlich mit kochendem Wasser

erschöpft wird, und nun erst der Weingeist in denselben Temperaturzuständen, und dann der Alkohol eben so angewandt wird.

2. Wo bey übrigens ganz gleicher Behandlung erst der Weingeist in den drey Temperaturgraden, dann Wasser und endlich Alkohol in Anwendung gesetzt wird.

3. Wo die Lösungsmittel so aufeinander folgen: 1) Alkohol, 2) Weingeist, 3) Wasser.

4. Wo erst kaltes Wasser, dann kalter Weingeist, und nun kalter Alkohol, hierauf warmes Wasser, warmer Weingeist und endlich warmer Alkohol, und zuletzt kochendes Wasser, kochender Weingeist und kochender Alkohol (versteht sich immer nach einander) in Anwendung gebracht wird.

5. Wo ganz wie bey 4. verfahren wird, nur mit dem Unterschiede, daß man den Weingeist vor dem Wasser auf den Pflanzenstoff einwirken läßt.

6. Wo der Alkohol, statt daß er bey 4. zuletzt und bey 5. nach dem Wasser angewandt wird, hier den ersten Rang hat.

Diese 6 angeführten Fälle sind nun noch mancher Modification fähig, deren Anordnung jedoch dem Ermessen eines Jeden überlassen bleiben muß.

Nur durch eine solche Behandlung der Pflanzen mit den indifferenten Lösungsmitteln ist die richtige, ihrer Natur angemessene Analyse vorzubereiten. — Jeder auf oben angeführte Weise erhaltene Auszug ist für sich zu scheiden, und durch das gleich anzugebende Verfahren, in seine Bestandtheile zu zerlegen, wodurch man Stoffe erhalten wird, wovon die bisherige Zergliederungsweise, die die kalten und warmen Auszüge zusammen goß, und alles zum dicken Brey — Extract verkochte, also die organischen Stoffverbindungen in ein Chaos verwandelte, keine Ahnung hatte. —

Das bisher Angeführte betraf bloß den Zustand des Extractionsmittels rücksichtlich seiner Qualität und Temperatur, es kommt nun auch noch die Quantität in Betracht, die unter gewissen Umständen großen Einfluß auf den Gehalt der Auszüge hat. Es ist nehmlich nicht gleichgültig, ob man viel oder wenig des Lösungsmittels auf einmal anwendet, indem mit Zunahme der Menge desselben auch die Höhe zunimmt, und mit dieser der hydrostatische Druck im gleichen Verhältnisse wächst. Wie sehr aber ein solcher Druck die Extractionen (meistens jedoch zum Nachtheil des analysirenden Chemikers) fördert, davon giebt die Realsche Presse ein merkwürdiges Beyspiel, die eben darum, weil sie fast alle Stoffe auf einmal auszieht, ein nur sehr beschränktes Hülfsmittel bey Pflanzenanalysen abgeben kann. — Die Anwendung flacher oder cylindrischer Gefäße ist also, selbst bey gleichen Mengen des Lösungsmittels, nicht gleichgültig, in letztern ist der hydrostatische Druck, also auch die Ausziehung stärker, und somit der Gehalt verschieden von dem im flachen Gefäß bereiteten Auszuge. — Dieß möge man wohl beachten, wenn man vergleichende Analysen verschiedener Pflanzen, oder verschiedener Theile einer und derselben Pflanze macht.

Ueber den Zustand der zu analysirenden Pflanze gilt im Kurzen folgendes:

1. Frische Pflanzen sind in den allerwenigsten Fällen zu einer ordentlichen Analyse geschickt, sie sind, ohne daß man sie tödtet, mit kaltem Wasser nicht extrahirbar. Thut man aber letzteres, so bekommt man

den sogenannten frisch gepreßten Pflanzensaft, der als ein chaotisches Stoffgemenge nur schwierig durch die einfache Präcipitationsmethode geschieden werden kann.

2. Die nicht völlig getödketen, gleichsam noch halb lebenden, nur im Zustande der Erstarrung sich befindenden Pflanzen oder Pflanzentheile schicken sich am besten zur Analyse, weil ihre verminderte Lebensthätigkeit der Auflösungskraft der Extractionsmittel nicht mehr so wie die grüne frische Pflanze widersteht, und die Bestandtheile sehr bequem successive abgeschieden werden können.

Anm. Man kann zwischen dem Leben und dem Tode der Pflanzen noch 2 Zustände unterscheiden, die zu diesen beyden Extremen die Uebergänge bilden. Ein Beyspiel mag dieß erläutern: die unverletzte, schnell an der Sonne getrocknete Pflanze bleibt grasgrün und geruchvoll, und kann als ein noch nicht völlig Getödtetes, nur schnell Erstarrtes, betrachtet werden. Die langsam im Schatten getrocknete Pflanze hingegen verl ert merklich an Farbe und Geruch, und ist schon um einen Grad mehr dem wirklichen Tode nahe als obige. Die zur Herbstzeit verdorrte Pflanze oder das auf dem Baum gelb gewordene abgefallene Blatt haben ihr Leben verlebt, Farbe, Geruch, Geschmack, und daher auch die Mischung sind verändert — das Ganze ist todt und geht unter dem Einfluß der Luft und des Wassers in Fäulniß, unter bloßem Luftzutritt in Verwesung über. Die schnell an der Sonne getrocknete Pflanze paßt daher am besten zur Analyse.

3. Ob ein Pflanzentheil ganz oder zertheilt extrahirt wird, ist nicht gleichgültig — in beyden Fällen nimmt das Lösungsmittel andere Bestandtheile auf. Am besten extrahirt man erst das unverkleinerte Vegetabil, und zerstößt oder zerschneidet es erst, wenn es im vorerwähnten Zustande schon völlig erschöpft ist.

4. Saamen sind entweder lebendig oder todt. Letztere können bequem mit kaltem Wasser u. s. w. extrahirt werden — erstere müssen aber entweder gleich mit kochendem Wasser oder mit Alkohol behandelt werden; das kalte Wasser würde nur einen organischen Lebensprozeß (Keimen), und durch diesen eine Stoffmetamorphose bewirken (Malzen).

Anm. Es wird eine schöne Epoche für die Pflanzenchemie hereinbrechen, wenn sie auf dem Punkte angelangt seyn wird, wo sie die Vorarbeiten der Pflanzenanatomie benutzen kann. Wenn dann der Phytotom dem Phytochemiker willig die hülfreiche Hand leistet, so kommen wir auf den Weg einer empirisch begründeten wissenschaftlichen Phytophysiologie, die ohne beyde nicht möglich ist. Jedoch versparen wir die nähere Entwicklung desjenigen, was die Pflanzenanatomie dem Pflanzenanalytiker zu leisten hat, bis auf gelegnere Zeiten.

Zweiter Abschnitt.

Scheidung der Stoffe aus ihrer organischen Verbindung. (Halochemische oder Präcipitations-Methode).

Die Scheidung geschieht in den allermeisten Fällen durch Salze, selten durch einen ihrer Bestandtheile, die Base oder die Säure. Der Verf. hat bisher mit sehr glücklichem Erfolge das saure und basische essigsaure Bley angewandt, die vor andern Metallsalzen durch folgendes sich auszeichnen:

1. Durch die Leichtzersetzbarkeit beyder Verbindungen mittelst Pflanzensalze (organische Verbindungen von Pflanzensäuren und Pflanzenbasen) und die Eigenschaft derselben mit dem größten Theile der sauren Pflanzenstoffe unlösliche Verbindungen zu bilden.
2. Durch die leichte Trennbarkeit der Pflanzensauren Bleyverbindungen mittelst Schwefelwasserstoff, ver-

möge welchem man den durch Bley gefällten sauren Pflanzenstoff rein darstellen kann.

3. Die Eigenschaft des essigsauren Bleys, organische Selbstentmischungen (Gährung u. s. w.) zu verhüten — denn man kann ein mit demselben versetztes (sonst leicht veränderbares) Pflanzeninfusum ziemlich lange mit unveränderter Qualität aufbewahren.

4. Die Fähigkeit des Bleys aus seiner sauren Auflösung durch Hydrothionsäure gefällt zu werden, wodurch man sehr leicht das einem Infusum überschüssig zugesetzte Bley entfernen kann.

5. Kommt die Essigsäure in Betracht. Keine bis jetzt bekannte Pflanzensäure bietet ähnliche Vortheile dar. Sie ist bey gelinder Wärme flüchtig, zerstört oder verändert die Pflanzenbestandtheile nicht, wegen ihrer geringen chemischen Qualität, hat zum Bley eine so geringe Verwandtschaft, daß fast jede andre Säure sie abscheidet und sich mit dem Bley verbindet, und bildet, was die Hauptsache ist, auflösliche Bleysalze.

Die Anwendung der beyden Bleysalze selbst ist so mannichfach, als es die oben berührten Extractionen durch die Lösungsmittel sind. — Diese Lösungsmittel (Wasser, Weingeist, Alkohol) ziehen nur Neutralia aus, die erst durch das Bley in die chemischen Pole: Base und Säure geschieden werden müssen. Es ist an sich klar, daß die Richtigkeit einer Pflanzenanalyse sich dadurch bewährt, wenn man auf den verschiedensten Wegen immer dieselben Resultate erhält. Eine erschöpfende Analyse wird also die oben berührten Auszüge durch die verschiedenen Lösungsmittel mit Hülfe der Bleysalze zu scheiden, jeden einzelnen Stoff genau zu charakterisiren, und dann die Resultate mit einander zu vergleichen haben. Die bisherigen Pflanzenanalysen sind gegen eine solche Arbeit Kinderspiel, deren Producte eine auf wissenschaftliche Prinzipien gestützte Empirie wie Kartenhäuser über den Haufen wirft. —

Es ist hier nicht nöthig, in das Specielle der Scheidungsmethode durch Bley einzugehen, da jede der unten anzuführenden Analysen als ein Beyspiel dienen kann. (Siehe Capitel V. VI. VII. ꝛc.)

Da es ganz gewiß saure Pflanzenstoffe giebt, die gleich der Essigsäure mit dem Bley keine unlösliche Verbindungen constituiren, dieß aber im Gegentheil mit andern Metalloxyden thun: so sind bey Scheidungen, wo das essigsaure Bley nicht ausreicht, andere Metallsalze zu versuchen, jedoch hauptsächlich nur essigsaure, und zwar solche, deren metallische Grundlage durch Schwefelwasserstoff, selbst bey einem Ueberschuß an Säure, geschieden werden kann; hierüber mögen künftige Versuche entscheiden. —

Wir glauben, daß es nicht nöthig ist, uns noch weiter über diese neue Zerlegungsweise der Pflanzen zu verbreiten, und in die kleinern Details einzugehen, indem der ganze empirische oder analytische Theil unserer Arbeit eigentlich weiter nichts als die specielle Anwendung unserer neuen Zerlegungsmethode ist. Sie ist zwar nicht so neu, daß nicht ein oder der andere Chemiker sie schon mal angewandt hätte, allein ihr hoher Werth blieb ihnen doch unbekannt, die Nothwendigkeit ihrer allgemeinen Anwendung zur Gründung einer wissenschaftlichen Pflanzenchemie ahneten sie nicht, sie übten sie bey manchen Gelegenheiten gleichsam bewußtlos, und gaben sich auch hier von ihrem Verfahren bey den Pflanzenanalysen keine eigentliche Rechenschaft.

Viertes Capitel.

Critische Bemerkungen über die jetzt herrschende Namenmacherey in der Phytochemie.

Nichts ist einer Wissenschaft mehr hinderlich, als eine schlechte, prinziplose Nomenclatur, die einmal angenommen, schwer wieder zu tilgen und gegen eine bessere auszutauschen ist; nichts hingegen ihr mehr förderlich als Benennungen, die richtig, scharf und genau bezeichnen, und am allerwenigsten das Gedächtniß beschweren. — Die jetzt aufkeimende Phytochemie steht auf dem Punkte der babylonischen Verwirrung in der Benennung ihrer unzähligen (zum größten Theil noch zu entdeckenden) Stoffmannigfaltigkeit preis gegeben zu werden. Um so nothwendiger ist es daher, das Vorhandene einer Sichtung zu unterwerfen, und durch Aufstellung wissenschaftlicher Gesichtspunkte, wonach hier zu verfahren ist, Streitigkeiten und Mißverständnissen vorzubeugen, und die Namenumänderungen und Stoffumtaufungen zu verhüten, die bey solchen, welche gleichsam nur mechanisch, ohne zu wissen warum? erfunden werden, durch das Weiterkommen einer Wissenschaft nothwendig bedingt sind. Die Mineralchemie ist hier von ein lebendiges Beyspiel. —

Geht man bey näherer Betrachtung der Pflanzenstoffbenennungen auf den Grund zurück, der zu ihren Namen die Veranlassung gab, so ist er so mannigfaltig als die Stoffe selbst, und der ungeheuren Willkührlichkeit, die hiebey herrschte, ist um so mehr Grenzen zu setzen, da sie den empirischen Theil der Phytochemie verwirrt und erschwert, und den wissenschaftlichen an seiner Ausbildung verhindert. Es wird jedoch nicht uninteressant seyn, die mannichfachen Gesichtspunkte, nach welchen man verfuhr und den Stoffen Namen gab, im Kurzen geschichtlich zu verfolgen.

Man hat die Stoffe benannt

1. Nach ihrer physikalischen Qualität: Jodin, Polychroit (Bouillon la Grange).
2. Nach ihrer chemischen Qualität: Tannin oder Gerbstoff, Siderochlorainon oder Eisengrünendes (Giese) u. s. w.
3. Nach ihrer dynamischen Qualität: Morphium (Serturner), Emetine (Magendie), Pikrotoxyzine, narkotischer Stoff, scharfer Stoff.
4. Nach der Abstammung: Inulin oder Alantin (John und Tromsdorff), Datiscin und Fungin (Braconnot), Scillitine, Pollinin (John), Asparagin (Vauquelin), Chinchonin, Elemin u. s. w.
5. Nach der Aehnlichkeit: Eyweißstoff, Gluten u. s. v.
6. Nach der Struktur: fibrina oder Faserstoff.
7. Nach der Veränderung durchs Feuer: Kommioxygen: Schleimsäurebildendes (Giese).
8. Nach dem Verhalten gegen Wasser und Weingeist und der Oxydirbarkeit an der Luft und dadurch bedingtes Unlöslichwerden: Extractivstoff (die Franzosen, unter den Deutschen vorzüglich Pfaff und Schrader).
9. Nach der Reaction gegen Tinct. Gallarum: thierisch-vegetabilische Materie. (Vauquelin).
10. Nach dem Daseyn des Stickstoffs: thierische Materie.

11. Nach der Auflöslichkeit in Wasser und Weingeist und der Eigenschaft zu schäumen: Seifenstoff (Hermbstädt).
12. Nach einem Chemiker: Vauqueline (Strychnin.)
13. Nach dem Apparat, worin er erzeugt wird: Lampensäure (!).
14. Nach einem Druckfehler: Menganthin (!), (Brandes).

Es wird hieraus genugsam klar, zu welchen Absurditäten und Unbestimmtheiten das führt. Jeder, der einen Stoff entdeckt, glaubt, er könne ihm einen Namen geben, welcher ihm beliebt, wobey es ihm meistens nur um das Benennen zu thun ist, ob der Name paßt oder nicht, gilt ihm ganz gleich. Es lohnt kaum der Mühe, das Angeführte noch weiter zu besprechen, und das Unrichtige, Unhaltbare weitläuftig zu zeigen, dem Sinnigen ergiebt es sich schon von selbst, daß gleichsam aus der Luft gegriffene Benennungen, schon von selbst wieder wie Luftgebilde vergehen müssen, die zwar eine Zeitlang täuschen und umnebeln können, aber vor einer wissenschaftlichen Ansicht sich bald in ihr Nichts auflösen.

Der Extractivstoff und Seifenstoff sind Undinge, und finden in einer wissenschaftlichen Phytochemie keine Stelle mehr, weil sie gar nicht existiren, sondern nur Producte einer unrichtigen, einseitigen Zerlegungsweise sind, daher sind diese Benennungen ganz wegzustreichen. Die thierisch-vegetabilische Materie theilt ein ganz gleiches Schicksal mit ihnen.

Wenn man die Namen Inulin, Datiscin, Chinchonin, Fungin, Strychnin, Crocin, Scillitin hört, so sollte man glauben, sie gehörten der Gleichheit ihrer Endigungen wegen zu einer und derselben Gattung oder Reihe von Stoffen. Dieß ist aber durchaus nicht der Fall, sondern die heterogensten Dinge sind hier unter einander gemengt, das stärkste Gift, z. B. Strychnin, und die unschuldigste Nahrung, z. B. Fungin, Inulin, führen einerley Namensendigung, auch hat man Farbestoffe, z. B. Crocin, Chinchonin, Erythrodanin einer gleichen Ehre werth gehalten.

Zu ungeheuren Mißgriffen müssen diese Gleichheiten in den Endigungen der Namen bey so ungleichen Körpern Anlaß geben, denn wer bloß nach dem Namen gehen wollte, würde, weil Strychnin das Wirksame der Nux vomica bezeichnet, gleichfalls glauben, die Inuline und die Crocine seyen das Wirksame der Alantwurzel und des Safrans, da man mit dem erstern doch nur ein Stärkmehl, mit dem andern eine Farbe bezeichnet. Dieß ginge allenfalls noch, aber es entstehen noch viel mehr Unannehmlichkeiten hieraus, wie will man z. B. das Wirksame der Inulawurzel, oder des Safrans benennen, da ein anderer Bestandtheil derselben schon den Namen Inulin und Crocin führt, soll hier ein ganz neues Wort erfunden werden, oder soll man etwa jetzt das Wort Inulin und Crocin umkehren, und mit den barbarischen Namen, die dadurch entstehen, die neuen Stoffe belegen, wie es der Franzose mit einer zweyten in den Galläpfeln aufgefundenen Säure that, die er Sullagsäure (!) zu nennen vorschlägt? —

Auch Rhabarberin, Chinchonin, Coffein bezeichnen Stoffe, die mit dem Wesentlichsten (dem Dynamischwirksamen) dieser Vegetabilien nichts gemein haben; welche Namen werden also letztere bekommen, wenn sie aufgefunden sind? Hier sitzt man offenbar schon in der Klemme, und es wird wahrlich Zeit, dieses ernstlich zu rügen, damit man sich nicht weiter verirre!

Eine

Eine Säure „Lampensäure" zu nennen, weil sie in der sogenannten Lampe ohne Flamme erzeugt wird, ist eben so plump, als wenn man das Wässerstoffgas, was mit Hülfe eines glühenden Flintenlaufs erhalten wird „Flintenlaufgas" nennen wollte. Was die Benennung „Menganthin" betrifft, so hat Herr R. Brandes (Herausgeber des Grundrisses der Pharmacie von Buchholz, Erfurt 1819) sich wahrscheinlich durch einen Druckfehler in Batsch (Versuch einer Anleitung zur Kenntniß und Geschichte der Pflanzen, Halle. II. B. 1788. p. 492.) irre führen lassen, wo statt Menyanthes trifoliata, Menganthes trifoliata steht, sein „Menganthin" müßte daher in „Menyanthin" umgetauft werden, wenn es richtig wäre, daß man einen fast unorganischen Stoff (eine Art Stärkmehl) mit einem Namen belegte, der nur dem Hauptbestandtheil, und zwar hier dem wirksamen bittern zukommt. Der Name Menganthin ist demnach als doppelt unrichtig zu verbannen. —

Die barbarischen Benennungen von Giese, z. B. Kommioxygen, verdienen kaum einer Erwähnung, weil wir zur Ehre der Phytochemiker glauben, daß sie nicht Eingang finden, zumal da sie nicht das an den Stoffen bezeichnen, was sie sind, sondern was sie werden, wenn man sie zerstört.

Jetzt gilt es, die Prinzipien zu entwickeln, nach welchen diese Benennungen umzuändern, und die der neu entdeckten Stoffe zu machen sind. Der Name, der einen Stoff richtig bezeichnen soll, muß neben seiner Abstammung auch seine Qualität anzeigen, so daß er, statt ein bedeutungsloser Schall zu seyn, über Herkunft und Eigenschaften des Stoffs selbst Auskunft giebt. Es fragt sich nun, ob der Stoff nach seiner physikalischen, chemischen oder dynamischen Qualität (§. 27. 28. 29. 52 u. f.) zu benennen sey.

Dieß muß sich aus dem Wesen der Phytochemie selbst ergeben. — Sie ist die Wissenschaft von dem Stoffverhältniß des Pflanzenreichs, weist zunächst die Beziehungen der Stoffe zu einander nach, die das Resultat ihrer chemischen Begeistung: Acidität und Basicität sind, prüft dann ihr Verhalten gegen die cosmischen und tellurischen Potenzen, wodurch sich die physikalische, und gegen die anorganischen Potenzen, wodurch sich die chemische, und endlich gegen die organischen Potenzen, wodurch sich die dynamische Qualität kund giebt — Die Basis der Phytochemie ist die Mineralchemie, deren Wesen in einem Wechselspiel zwischen den chemischen Polen Base und Säure besteht; dieß kehrt auch ganz in der Phytochemie wieder, und daher giebt auch diese Urbeziehung und Urpolarität der pflänzlichen Stoffe die richtigste und naturgemäßeste Benennung für dieselben. Da es nun chemisch betrachtet im ganzen Pflanzenreich keine andern Stoffe als basische, saure und amphotere oder neutrale (§. 62. u. f.) giebt, so ist es am zweckmäßigsten und natürlichsten, von diesen ihren Eigenschaften ihre Benennung herzunehmen, und alle Pflanzenstoffe entweder basisch, sauer oder neutral zu nennen. Dieß hat der Verf. mit Vorsetzung desjenigen Wortes, was die Herkunft oder Abstammung des Stoffs bezeichnet, gethan, und er glaubt dadurch allen Mißverständnissen, allen Schwierigkeiten rücksichtlich des Behaltens u. s. w. vorgebeugt zu haben.

Er hat es diesemnach gewagt, die von ihm entdeckten Stoffe auf diese Weise zu bezeichnen, z. B. Chinabase und Chinasäure, Kaffebase und Kaffesäure, Safranbase und Safransäure u. s. w., wodurch allen Verwechselungen dieser neuen Stoffe mit den schon bekannten, z. B. „Chinchonin" „Kaffestoff" und „Crocin" begegnet wird. Dieß war der einzige Ausweg, der hier übrig blieb, denn ganz neue Namen zu erfinden, würde schreckliches Unheil angerichtet haben, auch möchte ein noch so guter Namenmacher bey der unendlichen Stoffmannigfaltigkeit des Pflanzenreichs doch zuletzt zu Schanden werden, denn der Verf ist durch seine Versuche und Entdeckungen zu der festen Ueberzeugung gelangt, daß eine jede Pflanze, die in Form und Gestalt (also botanisch) von einer andern abweicht, auch andere Bestandtheile enthalte: dieß ist eben die Congruenz zwischen Form und Stoff! — Enthält ein Vegetabil mehrere Basen oder mehrere Säuren, so macht dieß in der Benennung gar keine Aenderung, indem man sie sehr bequem durch Nummern unterscheiden kann (wie wir dieß bey dem Aufführen der Stoffe in den analytischen Versuchen gethan haben). Ist es nöthig, die Herkunft des Stoffs noch näher als durch den allgemeinen Namen der Pflanze anzugeben, so fügt man noch das Organ oder System bey, z. B. Chinarindensäure, Chinarindenbase, Weidenrindensäure, Weidenrindenbase, Bilsenwurzelsäure, Bilsenwurzelbase, u. s. w. u. s. v. Auf diese Weise ist neben der Qualität auch zugleich aufs genaueste angegeben, von welcher Pflanze und welchem Organ der Stoff ist; dieß ist um so nothwendiger, da selbst die Stoffe verschiedener Organe und Systeme sich nicht gleich sind, wie es denn auch nicht anders seyn kann. — Natürlich ist die Benennung nach der Qualität nicht willkührlich, sondern nur der Stoff, der entschieden basisch oder sauer ist, bekommt den entsprechenden Beynamen. Da aber in jeder Pflanze diese

Repräsentanten des Chemismus auftreten müssen, nur mehr oder minder potenzirt und ausgebildet, so wird es nicht an Stoffen fehlen, die theils Säuren, theils Basen genannt werden müssen.

Da die Verbindungen von Säuren und Basen Salze heißen, so behalten wir auch diese Benennungen für die pflänzlichen Stoffverbindungen bey, es wird daher Chinasalze, Kaffesalze, Bilsensalze, Rhabarbersalze u. s. w. geben. — Insofern nun ein solches Salz aus 2 verschiedenen Pflanzenstoffen besteht, z. B. aus der Chinabase und der Gallussäure, so heißt diese Verbindung ganz analogisch wie in der Mineralchemie: gallussaure Chinabase u. s. w. Ist eine pflänzliche Base mit einer Mineralsäure verbunden, so heißt diese Verbindung eben so, z. B. salpetersaure Bilsenbase, salzsaure Chinabase u. s. w.

Die Benennung der amphoteren Stoffe, d. h. derjenigen, bey denen der basische oder saure Charakter nicht so vorwaltend ist, daß sie als solche gelten könnten, ist schwieriger, weil ihr Wesen darin besteht, daß ihre chemische Qualität sehr geringe ist, diese kann demnach hier nicht das Prinzip der Benennung seyn, sondern wir müssen uns nach andern Unterschieden und Qualitäten umsehen. Daß viele dieser Stoffe eigenthümlich gefärbt sind, kommt uns hier recht gut zu statten, daher wird die Farbe ein Benennungsmerkmal abgeben, z. B. grüne Kaffefarbe, rothe und gelbe Safranfarbe statt Crocin, braune Rhabarberfarbe statt Rhabarberin u. s. w. Für die Namen der andern hieher gehörigen Stoffe hat der Zufall oder der Instinkt sehr gut gesorgt, denn die Benennungen: Mehl, Stärke, Gummi, Leim finden hier ihre beste Anwendung. — Statt der bisherigen Inuline setzen wir daher Alantstärke, statt

Datiscin Datiscastärke; statt Acacin Acaciengummi, statt Prunin Kirschgummi, statt Ulmin Ulmengummi u. s. w. Die Benennung Zucker kann auch bleiben, es wird einen Runkelrüben-, einen Stärke-, einen Honig- einen Rohrzucker u. s. w. geben, wie diese Namen auch schon als naturgemäß und richtig bezeichnend, eingeführt sind.

Bestätigt es sich, worauf vorläufige Versuche hinzudeuten scheinen, daß auch alle diese sogenannte amphoteren Stoffe noch nicht einfach sind, sondern aus Basen und Säuren bestehen, so werden die Benennungen zwar etwas schwierig, z. B. Acaciengummisäure und Acaciengummibase, Kirschgummisäure und Base u s. w., allein das bringt die Sache so mit sich, und wer wird uns hier bessere Namen geben? Diese Namen haben wenigstens das Gute, daß sie so deutlich und leicht als lang sind!

Fünftes Capitel.

Versuch einer Zerlegung der drey sogenannten Narkotika: Hyoscyamus niger, Atropa Belladonna und Datura Stramonium.

Wir lassen die folgende Arbeit, so wie die übrigen Analysen nur für Versuche gelten, weil wir wohl fühlen, was ihnen noch fehlt, um sie mit dem Namen einer „vollständigen Zergliederung" zu belegen. Es kam uns hauptsächlich nur darauf an, theils zu zeigen, wie eine Pflanzenanalyse zu bewerkstelligen ist, um genügendere und bessere Resultate als die bisherigen zu erhalten, theils um das Eigenthümliche, Wirksame, die Pflanze Charakterisirende aufzufinden und rein darzustellen. Haben wir beyden Forderungen anch nicht völlig entsprochen, so hoffen wir doch der Art und Weise, Pflanzen zu untersuchen, eine neue Seite gewonnen zu haben. Nichts war bisher problematischer, als die chemische Mischung der sogenannten Narkotica. Man hat in der bisher sogenannten Pflanzenchemie über einzelne Gegenstände zwar viele Hypotheseu und absurde und unhaltbare, willkührliche Annahmen, aber die Narkotika stehen hier als Muster von allen, oben an. — Ueber kein Objekt der Phytochemie ist so viel gefaselt als über dieses, und es wäre wirklich für das Geschichtliche der Narkotica wichtig, wenn man alles das sammelte und zusammenstellte, was Schriftsteller (Chemiker und Nichtchemiker) über das Chemische der Narkotica, über den „narkotischen Stoff" gesagt und — geträumt haben. Auf zweckmäßige Versuche und zuverläßige Erfahrungen waren ihre Vermuthungen und Meynungen fast nie gestützt, es schien hiebey nur aufs Hypothesenmachen anzukommen. Daher die Annahme von dem Daseyn eines narkotischen Stoffs in allen sogenannten narkotischen Pflanzen, ohne den Stoff selbst je gesehen zu haben, daher nach der Entdeckung der Blausäure der Glaube, daß jede narkotische Wirkung von dieser abhange, nach der Entdeckung des Morphiums, daß diese Substanz in allen übrigen Narkoticis enthalten sey, und ihre dynamischen Wirkungen vermittle. Andere verfielen auf das entgegengesetzte Extrem, wollten weder von einem allen Narkoticis gemeinsamen Stoff, noch überhaupt von einem besondern Träger ihrer Wirksamkeit etwas wissen: die Art der Combination der Pflanzenbestandtheile mußte hier die narkotische Einwirkung übernehmen.

Der größte Theil der Chemiker befand sich jedoch auf einem bessern Wege, sie gestanden offenherzig, daß die eigentliche Zerlegungsweise der meisten narkotischen Pflanzen noch unentdeckt sey, und die bisherigen Arbeiten nur unvollkommne Versuche genannt werden könnten, um dieselbe aufzufinden, dieß wird auch uns trösten, wenn wir bey unseren Arbeiten noch mit Fehlern und Mängeln zu kämpfen haben, die nur durch das Zusammenwirken Mehrerer zu besiegen sind. — Wir wollen jetzt nur noch einiges berühren, was der Critiker bey Beurtheilung unserer analytischen Arbeit wohl erwägen möge.

Die Pflanze ist ein Lebendiges, in jedem Momente sich Veränderndes, sie steht während ihres Lebens keinen Augenblick still, und so wie ihre Form vor unsern Augen sich täglich metamorphosirt, eben so der Stoff nur im Geheimen, (für uns) Unbemerkbaren. Die Pflanze vor der Blüte ist eine andere wie nach der Blüte, vor der Saamenreifung eine andere, wie nach derselben, und kann daher im Ganzen in der ersten Hälfte des Lebens (vom Entstehen bis zur Blüte) als ganz verschieden von der in der zweyten Hälfte desselben (vom Aufblühen bis zum Tode) betrachtet werden, wie dieß in der Form (welcher die Mischung parallel gehen muß) sich so deutlich ausspricht. — Dann wechselt das chemische Stoffverhältniß der Pflanzen, nach dem Boden, Klima und andern tellurischen Verhältnissen: die auf Bergen, in der Wildniß gewachsene Pflanze ist unendlich verschieden von der im Garten kultivirten.

Selbst die getödtete, getrocknete Pflanze ist ähnlichen Form- und Stoffveränderungen ausgesetzt. Zum Theil ist sie noch nicht ganz erstorben, z. B. Saamen und schnell an der Sonne getrocknete Pflanzen (die ihr lebendiges Grün rein beybehalten haben), wo dann noch organische, lebendige Stoffumwandlungen in ihr vorgehen (woraus sich zum Theil die Erfahrung erklärt, daß manche Pflanzen, nachdem sie getrocknet worden, mehr ätherisches Oehl als im frischen Zustande geben, und manche einige Jahre alte Saamen, z. B. von Cucumis, anders organisirte Pflanzen treiben als jüngere). Ist nun auch dieses Stadium der letzten Lebensthätigkeit vorbey, so fängt das Spiel der Elemente an die chemischen Stoffveränderungen einzuleiten, was sich in den höhern Graden (der anfangenden Verwesung) als Veränderung der Farbe, des Geruchs u. s. w. offenbart. Hieraus folgt

1. daß es nicht gleichgültig sey, in welcher Lebensperiode man die Pflanzen untersucht;
2. daß die Jahreszeit, das Klima, der Boden u. dgl. der zu untersuchenden Pflanze in Betracht kommt;
3. daß ältere getrocknete Pflanzen nie dieselben Resultate wie die jüngern geben können, u. s. w.

Diesemnach ist es durchaus nothwendig, daß jeder, der in Zukunft Pflanzen analysirt, diese Gesichtspunkte vor Augen habe, die Verhältnisse, unter welchen die Pflanze aufwuchs, ihr Alter und dergl. genau angebe, wenn es ihm darum zu thun ist, daß andere, die seine Versuche wiederholen, die von ihm gemachten Entdeckungen bestätigen sollen. Unsern (unten anzuführenden) Analysen geht diese Genauigkeit größtentheils ab, weil wir es anfangs nicht für so wesentlich und nothwendig hielten, wie es wirklich ist, und dann auch nur Versuche, um das Chemische dieser Pflanzen im Allgemeinen zu ergründen, geben wollten.

Wir haben uns die Freyheit genommen, die sauren Stoffe, welche das essigsaure Bley aus den kaltbereiteten Aufgüssen der Bilse, der Belladonna, der Datura u. s. w. fällt, als eigenthümliche Säuren aufzuführen, und mit den Namen Bilsensäure, Belladonnasäure, Daturasäure u. s. w. zu bezeichnen. Mancher wird dieß als eine Voreiligkeit tadeln, und die Eigenthümlichkeit dieser genannten Säuren nicht anerkennen wollen. Wir sind über diesen Punkt lange mit uns zu Rathe gegangen, und möchten auch jetzt noch nicht apodiktisch darüber absprechen, ob jene wirklich eigenthümliche sind, oder ob sie sich auf die bekannten reduziren lassen. Letzteres verliert jedoch an Wahrscheinlichkeit, wenn man bedenkt, daß in jeder Pflanze saure und basische Stoffe sind und seyn müssen (§. 63. u. f.), und daher das Daseyn so vieler Pflanzensäuren und Pflanzenbasen vorausgesetzt werden kann, als es überhaupt verschiedene Pflanzenarten giebt. — Eine große, herrliche Aussicht zu Entdeckungen, wogegen das bis dahin Entdeckte wie nichts erscheint! Diese Betrachtungen veranlaßten uns vorzüglich, daß wir eine eigenthümliche Bilsensäure, Belladonnasäure, Daturasäure u. s. w. aufführten. Fernere Untersuchungen mögen aber über ihre Eigenthümlichkeit entscheiden. — Wir werden es uns zu dem Ende für die Zukunft angelegen seyn lassen, die Salze (ihre Formung und Mischung) genau zu bestimmen, welche diese Säuren mit den mineralischen Basen bilden, wo sich dann ihre Unterschiede und Aehnlichkeiten aufs Beste kund geben werden. Ohne diese Versuche, bloß nach den Niederschlägen und der Auflöslichkeit in verschiedenen Menstruis, über die Eigenthümlichkeit dieser Säuren zu entscheiden, ist viel zu voreilig, und verräth jene chemische Leichtfertigkeit der Franzosen, die ohne weiteres dergleichen Säuren für Aepfelsäure, Citronensäure, modifizirte Essigsäure u. s. w. erklären, weil sie diesen Säuren ähnlich sind. Solche Willkührlichkeiten müssen aufhören, und wenn wir nur erst anfangen, so genau und gewissenhaft die Pflanzen zu untersuchen, wie dieß bey den Mineralien geschehen ist, so werden wir auch hier im Stande seyn, jene feineren Nüancen und Stoffübergänge zu bestimmen, die jetzt noch unserer Forschung sich entziehen. Aber der Ununterrichtete, der das Wesen der Pflanze und ihr lebendiges Verhältniß nicht begriffen hat, bleibe davon, und unterfange sich nicht wieder, mit roher Hand hineinzugreifen, sie wird immer nur Phantome haschen, die sich ihr als Extraktivstoff, Seifenstoff u. dgl. verkörpern!

A. Hyoscyamus niger, Bilse.

I. Geschichtliche Momente.

Das Chemisch-Geschichtliche könnte hier füglich übergangen werden, weil kein Chemiker sich an eine ordentliche Analyse dieser Pflanze gemacht hat, alles was man daher in den chemischen Arzneymittellehren über dieselbe aufbringt, ist eitel leere Muthmaßung, die auf keinen positiven Versuchen fußt. So meynt Pfaff (Syst. de Mat. med. V.), der ausgepreßte Saft des Hyosc. enthalte im Wesentlichen dieselben Bestandtheile wie Schierling (!!!), auch sey der Extractivstoff (!) in seinem Verhalten nur wenig abweichend (a. a. O. p. 64.). Es ist wirklich die Leichtfertigkeit, in einer so strengen, stets nur auf direkten Versuchen fußenden Wissenschaft, wie es die Chemie ist, zu verwundern, wie Herr Pfaff um „einiger Versuche willen, die er zur Vergleichung mit dem Schierling anstellte" einen solchen Schluß machen konnte. Es ist dieß fast so arg, wie ein anderer Chemiker (Schrader) zur großen Schande des damaligen Zustandes der Pflanzenchemie und ihrer Zerlegungsweisen, den Ausspruch that: die Bestandtheile des braunen Kohls seyen gleich mit denen des Schierlings (!!!) — Eine Chemie, die nicht bessere Aufschlüsse und Resultate giebt, muß vor sich selber erröthen. —

Dr. Schmieder ist bey der Analyse der Bilse auf halbem Wege stehen geblieben, er hat sich nehmlich begnügt, die Niederschläge und sonstigen Reactionen, die metallische Salze im Bilsenkrautaufguß bewirken, anzugeben, was nur dann Werth haben würde, wenn Schmieder die Niederschläge untersucht und erforscht hätte, ob und wie das wirksame Prinzip der Bilse mit ausgeschieden und niedergefallen sey oder nicht; dieß ist aber nicht geschehen (siehe Pfaff a. a. O. V.)

II. Eigene Versuche und Beobachtungen.

Wir haben Wurzeln und Blätter einer vergleichenden Analyse unterworfen, und das polare Verhalten der Bestandtheile in beyden auszumitteln gesucht. Unser Hauptstreben war reine Darstellung des narkotischen Prinzips, für welches das Auge (Iris) ein so köstliches Reagens ist (siehe Capitel II: Reagentien). Der narkotische Stoff ist basischer Natur, und wenn wir ein ähnliches Reagens für alle Pflanzenbasen hätten, wie dieses für die drey Narkotica: so würde es ein Leichtes seyn, sie aufzufinden und zu charakterisiren. Dieser narkotischen Basis ist, wie es sich von selbst versteht, ein saurer Stoff oder mehrere opponirt, deren Darstellung eine sehr sorgfältige Extraction der Pflanzentheile nöthig macht. Man zieht zu dem Ende die unverletzten, an der Sonne getrockneten, unzerschnittenen Blätter mit kaltem Wasser und durch ganz gelindes

Pressen aus, wodurch man einen etwas bräunlich gefärbten Auszug erhält, der größtentheils aus der narkotischen Base und den beyden sie neutralisirenden Säuren zusammengesetzt ist (vielleicht ist die Base nur mit einer Säure, und die andere mit Kalk u. dgl. verbunden, was noch nicht bestimmt entschieden ist).

Man scheidet die Säuren durch essigsaure Bleysalze. Das saure essigsaure Bley bewirkt nehmlich in diesem Infusum einen starken bräunlichen Niederschlag, den man durch Auskochen mit Wasser etwas entfärben, durch Schwefelwasserstoff zersetzen, und so die Säure (No. 1.) abscheiden kann. Die abfiltrirte Flüssigkeit des seiner einen Säure beraubten Aufgusses ist noch gelblich gefärbt, giebt mit basisch-essigsaurem Bley noch einen starken, gelben Niederschlag, der nach dem Aussüßen (wie oben) zersetzt wird, um die Säure (No. 2.) frey zu erhalten. Da der Säure No. 1. noch immer etwas braunen fremdartigen Stoffs anhängt, so muß sie davon durch Lösen in Alkohol gereinigt werden; so wie es auch zweckmäßig ist, die Säure No. 2. durch Alkohol von dem etwa Anhängenden zu reinigen.

Die Bilsenbase ist nun (wahrscheinlich im essigsauren Zustande) noch in der vom zweyten Niederschlag abfiltrirten Flüssigkeit enthalten, indem sie sich durch Pupillenerweiterung, nach der örtlichen Applikation kund giebt. Man scheidet das Bley aus der Flüssigkeit durch Schwefelwasserstoff, die überschüssige Essigsäure und das Wasser durchs Verdunsten, digerirt das Rückständige mit Alkohol, der die Base aufnimmt. Was hiebey rückständig bleibt, ist noch näher zu untersuchen (es scheint jedoch ein Kalksalz zu seyn). Die geistigen Lösungen der Base und der Säuren werden nun in wässerige umgewandelt und gegen Reagentien geprust.

Kocht man den durch kaltes Wasser erschöpften Blattrückstand (nachdem er zerschnitten worden) mit Wasser aus, so erhält man einen dunkelbraun gefärbten Absud, der beym Verdampfen sich mit einer unlöslichen Haut bedeckt, mit essigsaurem Bley, wie mit vielen andern Metallsalzen unlösliche Niederschläge giebt, kurz sich so verhält, wie das, was man Extractivstoff genannt hat. Wir haben diesen Stoff noch nicht näher geprüft *) allein er scheint eine neutrale Verbindung von einem Basischen und einem Sauren zu seyn (was jedoch erst bewiesen werden muß). Man sieht hieraus, daß weder das Untersuchen des frisch gepreßten Pflanzensaftes, noch des mit heißem Wasser bereiteten Aufgusses, das wahre chemische Verhältniß der Bilsenkrautbestandtheile darlegen kann, weil immer der unwesentliche braune (stark chemisch reagirende) Stoff die Untersuchung trübt, und das Scheiden der Bestandstoffe hindert. So geht einem, wenn man das Hyosc. Extract mit essigsaurem Bley zerlegt, die Säure No. 1. fast ganz verloren, weil das Bley die Säure und den braunen Stoff zugleich fällt, und beyde schwer zu trennen sind.

Die Behandlung der Wurzel ist ganz wie die der Blätter. Es ist gut, wenn man auch diese zuerst unzerschnitten extrahirt (nachdem sie zuvor an der Sonne recht gut ausgetrocknet worden). Auch hier lassen sich durch die Bleysalze (aus dem kaltbereiteten Aufguß) zwei Säuren abscheiden, die man wie oben rein darstellt, so wie auch die Abscheidung der Base dieselbe ist. Das heiße Wasser zieht aus der mit dem kalten erschöpften Wurzel noch Stoffe aus, die dynamisch höchst indifferent sind, ihre chemische Differenz aber durch starke Reaktion gegen Metallsalze kund geben. — Da diese Arbeit keine eigentliche erschöpfende Analyse, sondern nur eine phytochemische Charakteristik des Basischen und Sauren der schwarzen Bilse seyn soll, so sind auch diese nur aufgeführt, das andere (das Wachsharz, der Eyweißstoff u. s. w.) unberücksichtigt gelassen, und das Ganze vergleichend zwischen den Wurzel- und Blattbestandtheilen durchgeführt.

*) Auf die Pupille wirkt er nicht.

Aus der Bilsenwurzel.

Reagentien.	Bilsenbase	Bilsensäure 1.	Bilsensäure 2.
I. Dynamisch-animalische Reagentien.			
Geschmack	stechend u. scharf	stark sauer und brennend	stark sauer.
Geruch	eigenthüml., den Kopf einnehmend	schwach, eigenthümlich	fast geruchlos.
Gesicht			
a. Färbung	hellgelb, durchsichtig	gelb	gelblichbraun.
b. Formung	cristallisirt nicht, zieht Feuchtes an	cristallisirt nicht, zieht Feuchtes an	hinterbleibt nach dem Verdunsten als cristallinische Masse.
Iris	erweitert die Pupille mit großer Intensität	wirkt nicht auf die Pupille	wirkt nicht auf die Pupille.
II. Physikalische Reag.			
Licht	—— *)	——	——
Wärme	ist nicht flüchtig mit Wasserdampf, aber bey stärkerer Wärme zersetzbar unter Entwicklung eines höchst unangenehmen Geruchs	ist nicht mit Wasser destillirbar	ist nicht mit Wasser verdunstbar.
Schwere (specif. Gewicht)	2	2	2
III. Organisch-animalische Reagentien.			
Leimlösung	——	——	——
IV. Organisch-vegetabilische Reag.			
Chinasäure No. 1.	flockiger braungelber Niederschlag	——	——
Gallussäure No. 1	gelber Niederschl.	——	——

Anm. Die andern vegetabilischen Basen und Säuren bewirken nichts Bemerkenswerthes.

*) Dieses Zeichen —— bedeutet: keine Reaction.

Aus dem Bilsenblatt.

Reagentien	Bilsenbase	Bilsensäure 1.	Bilsensäure 2.
I. Dynamisch-animalische Reagentien.			
Geschmack	stechend u. scharf	sehr sauer	sauer.
Geruch	eigenthümlich, betäubend	unbedeutend	fast geruchlos.
Gesicht			
a. Färbung	hellgelb, durchsichtig	goldgelb	gelbbraun.
b. Formung	cristallisirt nicht, sondern zieht Feuchtes an	ist uncristallisabel	bildet eine zerfließliche Masse.
Iris	erweitert die Pupille mit geringerer Intensität	affizirt die Pupille nicht	wirkt nicht auf die Pupille.
II. Physikalische Reag.			
Licht	—	—	—
Wärme	wird mit dem Wasserdampf nicht fortgeführt, aber bey stärkerer Wärme entmischt unter betäubender Geruchsentwicklung	ist nicht mit Wasser destillirbar	ist nicht mit Wasser zu verflüchtigen.
Schwere (spec. Gew.)	?	?	?
III. Organisch animalische Reagentien.			
Leimlösung	—	—	—
IV. Organisch-vegetabilische Reag.			
Chinasäure No. 1	brauner Niederschlag	—	—
Gallussäure No. 1	gelber Niederschl.	—	—

Anm. Die andern vegetabilischen Basen und Säuren bewirken nichts Besonderes.

Aus der Wurzel.

Reagentien	Bilsenbase	Bilsensäure 1.	Bilsensäure 2.
V. Mineralische Reag.			
Laugen:			
Aetzkalilösung	es entsteht eine starke Gerinnung mit Ausscheidung einer gelatinösen Masse	die bis zum Farbenlosen verdünnte Säure wird nicht verändert, hinsichtlich der Färbung	wie die Säure No. 1.
Aetzammonlösung	keine Gerinnung	keine Färbung	keine Färbung.
Aetzkalklösung	Abscheidung einer flockigen halbdurchsichtigen Masse	flockiger weißer Niederschlag	——
Säuren:			
Schwefelsäure (diluirt)	——	——	——
Salzsäure		——	——
Salpetersäure	——	——	——
Lösungsmittel:			
Aether	löslich	unlöslich	unlöslich.
Alkohol	leicht löslich	schwer löslich	leicht löslich.
Wasser	dito	leicht löslich	dito.
Salze:			
Kohlensaure Salze:			
halb kohlens. Kali	keine Gerinnung wie bey Aetzkali	keine Färbung	keine Färbung.
Schwefelsau-Salze:			
— Eisenoxydul.	——	——	——
— Kupfer	Erhöhung der blauen Farbe	——	——
— Zink	——	——	——
Salzsaure Salze:			
— Eisenoxyd	schöne castanienbraune Färbung	——	——
— Queck.oxyd	gelblichweißer Niederschlag	——	——

Rea-

Aus dem Bilsenblatt.

Reagentien	Bilsenbase	Bilsensäure 1.	Bilsensäure 2.
V. Mineralische Reag.			
Laugen.			
Aetzkalilösung	starke Gerinnung mit Ausscheidung einer gelatinösen Masse	die bis zum Farbenlosen verdünnte Säure wird goldgelb	hellgelbe Färbung, der farblosen Flüssigkeit.
Aetzammonlösung	keine Gerinnung	nur schwache Gelbfärbung	nur schwache Gelbung.
Aetzkalklösung	Abscheidung einer flockigen halbdurchsichtigen Masse	flockiger weißer Niederschlag	
Säuren:			
Schwefelsäure (diluirt)	——	——	——
Salzsäure	——	——	——
Salpetersäure	——	——	——
Lösungsmittel:			
Aether	löslich		
Alkohol	leicht löslich	leicht löslich	leicht löslich.
Wasser	dito	dito	dito.
Salze:			
Kohlensaure Salze			
halb — Kali	keine solche Gerinnung wie bey Aetzkali	schwache Färbung	wie Säure No 1.
Schwefelsaure Salze:			
— Eisenoxydul	——	——	——
— Kupfer	Erhöhung der blauen Farbe	——	——
— Zink	——	——	——
Salzsaure Salze:			
— Eisenoxyd	schöne castanienbraune Färbung	——	——
— Queck.oxyd	schmutzig weißer Niederschlag	——	——

Aus der Wurzel.

Reagentien	Bilsenbase	Bilsensäure 1.	Bilsensäure 2.
Salzsaures Zinn-oxydul.	erst starker weißer Niederschl., darauf Gerinnung	gerinnt zur festen gelatinösen Masse	———
— Baryt	———	Trübung	starker weißer Niederschlag.
Salpetersaure Salze:			
— Bley	———	———	weißer Niederschlag
— Kupfer	die blaue Farbe wird erhöht	———	———
— Zink	———	———	———
— Silber	brauner Niederschlag nach etlichen Stunden	gelblicher Niederschlag	nach einigen Stund. ein brauner Niederschlag
— Queck. oxyd.	schwacher weißer Niederschlag	starker weißer Niederschlag	schwacher weißer Niederschlag.
— Queck. oxydul	weißgelblicher flockiger Niederschlag *)	weißer Niederschlag	weißer Niederschlag.
saures — Wism.	starker weißer Niederschlag	starker weißer Niederschlag	starker weißer Niederschlag.
Essigsaure Salze:			
saures — Bley	———	starker weißer Niederschlag	starker weißer Niederschlag.
basisch — Bley	weißer Niederschlag	starker weißer Niederschlag	starker weißer Niederschlag.
Quecksilber-oxydul	schwacher weißer Niederschlag	schwacher weißer Niederschlag	nach einigen Stund. ein weißer flockiger Niederschlag.
Weinsaure Salze:			
— Antim. Kali (Tart. emet.)	———	———	———

*) Nach einigen Stunden setzen sich an die Wände des Gefäßes tropfförmige weiße Körperchen wie Insekten-Eyer ab.

Aus dem Bilsenblatt.

Reagentie	Bilsenbase	Bilsensäure 1.	Bilsensäure 2.
Salzsaures Zinnoxydul	gerinnt zur halbdurchsichtigen Gallerte	gerinnt zur festen weißen Masse	———
— Baryt	———	———	weißer Niederschlag.
Salpetersaure Salze:			
— Bley	———	Trübung	———
— Kupfer	die blaue Farbe wird erhöht	———	———
— Zink	———	———	———
— Silber	weißlicher Niederschlag, der innerhalb 3 Stunden grauschwarz wird	———	innerh. 3 Stunden ein brauner Niederschlag.
— Queck.oxyd.	starker weißer Niederschlag	starker weißer Niederschlag	starker schmutzig weißer Niederschlag.
— Queck.oxydul	weißer Niederschlag *)	schmutzig weißer Niederschlag	gelblichweißer Niederschlag.
saures — Wism	starker weißer Niederschlag	starker weißer Niederschlag	starker gelber Niederschlag.
Essigsaure Salze:			
saures — Bley	———	starker weißer Niederschlag	starker gelblichweißer Niederschlag
basisch — Bley	weißer Niederschlag	starker weißer Niederschlag	starker weißer Niederschlag.
— Queckoxydul	schwacher weißer Niederschlag	Trübung	gelblicher Niederschlag.
Weinsaure Salze:			
— Antim.kali (Tart. emet.)	———	———	———

*) Hier war jene Art der Cristallisation nicht zu bemerken.

III. Rückblick und Bemerkungen.

1. Mit dieser Analyse und dem durch dieselbe dargestellten wahren Verhältnisse des narkotischen Stoffs als einem basischen oder alkalischen wären nun (mit Berücksichtigung alles desjenigen, was die Untersuchungen über Datura und Belladonna besagen) alle jene schiefen Ansichten und ungegründeten Meynungen, die man über einen durch alle narkotische Pflanzen verbreiteten narkotischen Stoff hegt, widerlegt und berichtigt. Es ist weder die organische Combination der Bestandtheile, noch die Blausäure, noch das Morphium, was in der Bilse als eine so mächtige dynamische Potenz auftritt, sondern ein ganz eigenthümlicher Stoff, der sich durch seine Pupillenerweiternde Eigenschaft von allen in chemischer Hinsicht noch so ähnlichen Stoffen unterscheidet. Der Name „narkotischer Stoff" ist demnach aus dem Register der Pflanzenbestandtheile völlig zu streichen, so wie es deren wohl noch mehr, bey der fortschreitenden Ausbildung der Pflanzenchemie nach höhern Ansichten, zu tilgen geben wird. Im Conium, im Aconit, im Ledum sind auch Stoffe mit narkotischer Wirkung, aber himmelweit verschieden von denen in der Bilse, Belladonna u. s. w. Sie affiziren nicht die Iris, und sind diesen Pflanzen daher eben so eigenthümlich, als die Bilsenbase der Bilse selbst. Das Verhältniß des Unorganischen, daß gewisse Stoffe, z. B. Eisen, Kalk, Mangan u. s. w. durch eine große Menge sonst sehr verschiedener Mineralien gehen, und in denselben in verschiedenen Verbindungen angetroffen werden, kehrt im Organischen bestimmt nicht wieder, denn hier ist alles in einer ewigen Metamorphose

begriffen, so daß die Bestandtheile der keimenden Pflanze mit denen der blühenden und verblühten durchaus nicht identisch sind, wie sollten es nun Stoffe verschiedener Pflanzen seyn, die noch dazu in ganz verschiedene natürliche Familien gehören? Nur das Unorganische, Eisen, Kali u. s. w. geht auf fast unveränderte Weise durch die ganze Pflanzenwelt, aber der organische Stoff thut das nicht, er erscheint, wenn gleich ähnlich, doch stets metamorphosirt und auf verschiedener Stufe der Ausbildung, je nachdem es die Pflanze selbst ist.

2. Ob beyde als Bilsensäuren aufgeführte Säuren wirklich organische, d. h. nicht an Kalk, Kali u. s. w. gebundene sind, müssen spätere Versuche beweisen, die auch ausmitteln mögen, in welcher Verbindung die Bilsenbase mit ihnen steht; offenbar ist sie durch eine derselben neutralisirt, woraus sich alsdann auch der nicht scharfe Geschmack der Bilsenblätter und Bilsenwurzel erklärte.

3. Zugleich wäre es interessant und für oder gegen die Unterscheidung eigenthümlicher Bilsensäuren entscheidend gewesen, die Salze, welche dieselben mit mineralischen Basen oder Laugen geben, auszumitteln, wenn es unser Zweck gewesen wäre, mehr als einen Versuch, das chemische Verhältniß der Bilse zu enträthseln, zu liefern.

4. Es wird interessant seyn, die salzartigen Verbindungen, welche die Bilsenbase mit Säuren eingeht, näher zu bestimmen, man wird hier Salze erhalten, die die höchst merkwürdige Eigenschaft besitzen, daß sie nach der örtlichen Applikation aufs Auge die Pupille erweitern. Wir haben über das Verhalten der Säuren gegen diese Base einige Versuche

angestellt (siehe unten), woraus sich unter anderm ergiebt, daß die Base mit der Salpetersäure eine gelbliche, bitter schmeckende Verbindung konstituirt, die noch wie die Base selbst die Iris contrahirend affizirt. Uebrigens ist der in der Analyse als Bilsenbase aufgeführte Stoff eine salzartige Verbindung der reinen Base mit Essigsäure, die zu trennen (um die Basis rein zu erhalten) noch nicht gelingen wollte, denn die Basis wird gleichzeitig zersetzt.

Anhang.

Vergleichende Versuche über die Pupillenerweiternde Kraft der Bilsenbase aus der Wurzel und aus den Blättern.

I. Bestimmung des typischen Verlaufs der Pupillenerweiterung, Zunahme, Akme und Abnahme.

Es ward hier von beyden Basen eine gleich starke Lösung in Wasser gemacht (2 Gran in einer Drachma Wasser) und von dieser gleiche Quanta aufs Auge gebracht, (siehe Auge als Reagens Cap. II.) und die Stadien der Erweiterung nach dem Augenmaß aufgezeichnet, wobey sich folgender durch beyde Basen verschieden hervorgebrachter, typischer Verlauf zeigte (vergleiche die Tabelle I.) Die Quantität der aufs Auge gebrachten Base betrug $\frac{1}{120}$ der narkotischen Base, oder $\frac{1}{4}$ Gran der oben erwähnten Lösung (60: 2 = 30 × 4 = 120).

Bemerkungen.

Diese Versuche gehören eigentlich nicht in die Phytochemie, sondern in die Physiologie, daher konnte derselben auch nur oberflächlich und beyläufig und mehr um Physiologen vom Fach zu denselben anzuregen, erwähnt werden. Für diese wird es von Wichtigkeit seyn zu erproben

1. welche Stadien durchläuft die Pupillenerweiterung bey verschiedenen Thieren nach der Applikation von gleichen Quantis des narkotischen Stoffs?
2. Wie wird dieß modifizirt durch die verschiedenen Lebensalter, durch das Geschlecht, durch Nahrung, Aufenthalt, Lebensart u. s. w.?

Anm. So haben wir z. B bemerkt, daß wenn das Thier öfter zwischendurch schläft, die Pupille schneller wieder zur Norm zurückkehrt, als wenn das Entgegengesetzte der Fall ist. Sind dergleichen Verhältnisse, welche die Pupillenerweiterung (die der narkotische Stoff hervorbrachte) in ihrem Verlaufe aufhalten oder beschleunigen, nur erst durch Experimente erprobt, so erhalten wir dadurch vielleicht einen Irritabilitäts- oder Sensibilitätsmesser, theils für ein und dasselbe Thier in den verschiedenen Perioden des Erdlebens (Tag, Nacht, Morgen, Abend u. s. w.), theils für verschiedene Thiere, deren größere oder geringere Empfänglichkeit für die narkotische Base gewiß mit ihrer vorwaltenden sensitiven oder irritabeln Thätigkeit parallel geht. — Also viel Arbeit für die Erforscher des Lebendigen!

II. Bestimmung der Dauer der ganzen Wirkung.

Wurzelbase.	Blattbase.
Abends um 10 Uhr applizirt.	Abends um 10 Uhr applizirt.
Die Pupillendifferenz hielt bis zum andern Tag des Nachmittags um 5 Uhr an, wo noch ein geringer Unterschied zwischen beyden Pupillen zu bemerken war.	Die Wirkung dauerte bis zum andern Abend um 10 Uhr, also auch volle 24 Stunden.

Anm. Es wurde bey diesen Versuchen dasselbe Quantum wie oben bey I. applicirt. Es geschah Abends, um die Abnahme der Pupillenerweiterung am Tage übersehen zu können, bey Nacht, wo die Pupillen durch die Einwirkung der Finsterniß groß sind, lassen sich die Nüanzen nicht unterscheiden.

III. Bestimmung der Intensität der narkotischen Basen.

Zu diesem Behufe wurde eine sehr verdünnte Lösung derselben im Wasser gemacht, nehmlich $\frac{1}{3}$ Gran der Base in 4 Unzen Wasser, und von dieser Flüssigkeit $\frac{1}{2}$ Gran successive (um die völlige Absorbtion zu bewirken) aufs Auge gebracht, so daß auf diese Weise $\frac{1}{11520}$ der narkotischen Base mit der Iris im Conflikt kam (denn 4 Unzen = 1920 Gran; darin gelöst $\frac{1}{3}$ Gran der Base, also 1 Gran derselben in $3 \times 1290 = 5760$ Gran. Nun wurde $\frac{1}{2}$ Gran dieser Flüssigkeit aufs Auge gebracht, also wirkte $2 \times 5760 = 11520 = \frac{1}{11520}$ Gran der narkotischen Basen auf folgende Weise:

Wurzelbase.	Blattbase.
Um 11 Uhr Morgens applicirt.	Um 11 Uhr Morgens applizirt.
Um 12 Uhr erfolgte die Erweiterung, die bis gegen 3 Uhr dauerte.	Es erfolgte gar keine Wirkung auf die Pupille.

B. Atropa Belladonna, Tollkraut.

I. Geschichtliche Momente.

Diese von jeher mit Recht gefürchtete Pflanze war schon oft der Gegenstand chemischer Untersuchung, wobey gewiß jeder Analytiker sich schmeichelte, das durch seine fürchterlichen Wirkungen auf den menschlichen Organismus sich beurkundende narkotische Prinzip aufzufinden und rein darzustellen, wiewohl immer umsonst. In neuern Zeiten hat Vauquelin sich vorzüglich mit der Belladonna beschäftigt und die nähern Bestandtheile derselben angegeben, jedoch höchst unvollkommen, einseitig und falsch, wie sich aus dem Vergleich seiner Arbeit genugsam ergiebt. Er giebt unter andern als Bestandtheile an:

1. Eine ekelerregende, extractivstoffartige Materie (die das narkotische Prinzip seyn soll, und durch Digestion des Extrakts der Belladonna mit dem Alkohol erhalten wird.)

2. Eine thierisch-vegetabilische Materie (!), (die nach der Digestion des Extracts mit Alkohol hinterbleibt, und darum diesen Namen erhält, weil Tinctura Gallarum sie niederschlägt.)

3. Satzmehl, Harz, Eyweißstoff und verschiedene Salze. (Annal. de Chimie, Tom. 72. p. 60; Pfaff mat. med. V.)

Ein anderer Franzose, Melandre, giebt so ungefähr dasselbe an, nehmlich

grünes weiches Harz,
animalischen (!) Extractivstoff,
mucöse Theile,
oxydirbaren Extractivstoff.
(Annal. de Chimie, Tom. XV. p. 221.)

Wer den Resultaten dieser Analysen Gehalt und Bedeutung abzugewinnen vermag und im Stande ist, aus ihnen zu errathen, von welcher Pflanze sie gelten sollen, dem muß eine Gabe verliehen seyn, die leider dem Verfasser und wohl vielen Andern fehlt; es wäre besser, sie hätten nie das Licht erblickt, man sparte dann doch wenigstens die Zeit, sich über die französische Leichtfertigkeit zu ärgern. —

II. Eigene Versuche und Beobachtungen.

Darstellung des alkalischen oder basischen Stoffs der Belladonna und der ihn neutralisirenden Säuren.

Man befolgt hier ganz das Verfahren, so bey der Darstellung der Bilsenbase und Bilsensäuren angegeben. Auch hier werden die unverletzten, an der Sonne getrockneten Blätter unzerschnitten mit kaltem Wasser ausgezogen, und aus diesem Auszuge die Säuren durch die Bleysalze gefällt, durch Schwefelwasserstoff abgeschieden, und durch Alkohol gereinigt (wenigstens die Säure No. 1., deren nadelförmige Cristalle man noch einmal in Alkohol löst). Die Belladonnabase wird dargestellt wie die Bilsenbase, so wie auch bey der Zerlegung der Wurzel derselbe Gang befolgt wird. Die Base wird auch hier in beyden Fällen im essigsauren Zustande erhalten, wonach die chemischen Reactionen zu beurtheilen sind. Sie rein von Essigsäure darzustellen, wollte uns nicht gelingen, denn die mineralischen Laugen (Alkalien) scheinen eine so feindlich, zerstörende Tendenz gegen diese organischen Basen zu besitzen, daß man beyde nicht ohne Nachtheil der letztern in Berührung bringen darf (siehe unten Verhalten der Basen gegen chemische Potenzen).

Wenn man die mit kaltem Wasser erschöpften Blätter und Wurzeln noch auskocht, so bekommt man eben so wie bey der Bilse einen geschmack- und geruchlosen, stark gegen Metallsalze reagirenden Stoff, der mit jenem Extractivstoff, dessen die Franzosen in ihrer Analyse erwähnen, identisch seyn mag. Er ist wahrscheinlich ein Neutrales, zusammengesetzt aus einem Basischen und Sauren, also kein einfacher Stoff, was wir jedoch bey unserer gegenwärtigen Untersuchung außer Acht lassen müssen.

Anm. Spätere Versuche haben uns gelehrt, daß die aus den Blättern dargestellte Basis essigsauren Kalk (den der Alkohol mit aufnimmt) enthält, diesen ist man genöthigt, durch Kleesäure vorher abzuscheiden.

Aus der Belladonnawurzel.

Reagentien	Belladonnabase	Belladonnasäure No. 1.	Belladonnasäure No. 2.
I. Dynamisch-animalische Reagentien.			
Geschmack	mehr ekelhaft fäde als scharf	sehr sauer	sehr sauer.
Geruch	eigenthümlich, aber schwach	fast geruchlos	fast geruchlos.
Gesicht			
a. Färbung	schwach gelblich	gelblich	gelblich.
b. Formung	uncristallisabel	beym Verdunsten bleibt eine cristallinische Masse, die Feuchtes anzieht	cristallisirt nicht deutlich.
Iris	erweitert die Pupille mit großer Intensität	wirkt nicht auf die Pupille	wirkt nicht auf die Pupille.
II. Physikalische Reag.			
Wärme	ist mit Wasser nicht verdunstbar, bey stärkerer Hitze aber zersetzbar	ist nicht flüchtig	nicht flüchtig.
Voltaismus	geht zum — Pol	geht zum + Pol	geht zum + Pol
III. Organisch animalische Reagentien.			
Leimlösung	———	———	———
IV. Organisch-vegetabilische Reag.	bewirken keine	bemerkenswer	the Reactionen.
V. Mineralische Reag.			
Auflösungsmittel:			
Aether	löslich	unlöslich	unlöslich.
Alkohol	leicht löslich	leicht löslich	leicht löslich
Wasser	dito	dito	dito.
Laugen:			
Aetzkalilösung	Abscheidung einer geringen Menge gelatinöser Masse	schwache Gelbfärbung	schwache Gelbfärbung.

Aus den Belladonnablättern.

Reagentien	Belladonnabase	Belladonnasäure No. 1.	Belladonnasäure No. 2.
I. Dynamisch-animalische Reagentien.			
Geschmack	scharf	sehr sauer	sehr sauer.
Geruch:	eigenthüml., aber schwach	fast geruchlos	unbedeutend.
Gesicht			
a. Färbung	hellgelb	hellgoldgelb	dunkelgelbbraun
b. Formung	bildet eine klebrige Masse	cristallisirt in Nadeln	bildet eine zerfließliche Masse.
Iris	erweitert die Pupille mit großer Kraft	affizirt die Pupille nicht	affizirt die Pupille nicht.
II. Physikalische Reag.			
Wärme	ist mit Wasser nicht zu verflüchtigen, wird bey der Hitze zersetzt	nicht flüchtig	nicht flüchtig.
Voltaismus	geht zum — Pol	geht zum + Pol	geht zum + Pol
III. Organisch-animalische Reagentien.			
Leimlösung	—	—	—
IV. Organisch-vegetabilische Reag.	bewirken keine	besondert Ver	änderungen.
V. Mineralische Reag.			
Lösungsmittel:			
Aether	löslich	schwer löslich	unlöslich.
Alkohol	leicht löslich	leicht löslich	leicht löslich.
Wasser	dito	dito	dito.
Laugen:			
Aetzkalilösung	Abscheidung einer gelatinösen Masse	goldgelbe Färbung	dunkelgelbe Färbung.

Aus der Belladonnawurzel.

Reagentien.	Belladonnabase	Belladonnasäure No. 2.	Belladonnasäure No. 2.
Aetzammonlösung	—— ——	schwache Gelbfärbung	schwache Gelbfärbung
Aetzkalklösung	nach 6—8 Stunden ein geringer Niederschlag	nach 6—8 Stunden ein gelber Niederschlag	nach einigen Stunden schwacher flockiger Niederschlag.
Säuren:			
Schwefelsäure (diluirt)		———	———
Salzsäure	———	———	———
Salpetersäure	———	———	———
Salze:			
Schwefelsaure Salze:			
— Eisenoxydul	———	———	———
— Kupfer	Erhöhung der blauen Farbe	———	———
— Zink	———	———	———
Salzsaure Salze:			
— Eisenoxyd	schöne castanienbraune Färbung	grasgrüne Färbung	———
— Queck.oxyd.	schwacher weißer Niederschlag	———	———
— Zinnoxydul	———	———	———
— Baryt	———	weißlicher Niederschlag	weißlicher Niederschlag.
Salpetersaure Salze:			
— Bley	———	Trübung	———
— Kupfer	Erhöhung der blauen Farbe	———	———
— Silber	starker Niederschlag, erst weißlich, dann braun	schwacher Niederschlag	schwacher bräunlicher Niederschl.
— Queck.oxyd.	schwacher weißer Niederschlag	Trübung	flockig gelber Niederschlag.
— Queck.oxydul	starker weißer Niederschlag	starker weißer Niederschlag	schwach bräunlicher Niederschl.

Aus den Belladonnablättern.

Reagentien	Belladonnabase	Belladonnasäure No. 1.	Belladonnasäure No. 2.
Aetzammonlösung	schwacher Niederschlag	goldgelbe Färbung	dunkelgelbe Färbung
Aetzkalklösung	flockiger Niederschlag	starker gelber Niederschlag	goldgelbe Färbung, nach einer Stunde ein gelber Niederschlag
Säuren:			
Schwefelsäure (diluirt)	——	——	——
Salzsäure	——	——	——
Salpetersäure	——	——	dunkelbraune Färbung.
Salze:			
Schwefelsaure Salze:			
— Eisenoxydul.	——	——	——
— Kupfer	Erhöhung der blauen Farbe	weißblauer Niederschlag	——
— Zink	——	——	——
Salzsaure Salze:			
— Eisenoxyd	schöne castanienbraune Färbung	gelbe Färbung	grasgrüne Färbung.
— Queck oxyd	flockig weißer Niederschlag	——	——
— Zinnoxydul	Gerinnung und Ausscheidung einer gelatinösen Masse	bildet eine dickliche Masse	——
— Baryt	Trübung	Trübung	gelblicher Niederschlag.
Salpetersaure Salze:			
— Bley	——	starker weißer Niederschlag	Trübung.
— Kupfer	Erhöhung der blauen Farbe	weißer Niederschlag	——
— Silber	flockig weißer Niederschlag, erst weiß, dann braun	starker weißer Niederschl., nach 4 Stunden unverändert	schwacher gelblicher Niederschl., nach 4 Stunden unverändert
— Queck.oxyd.	starker weißer Niederschlag	starker gelber Niederschlag	starker gelber Niederschlag.
— Queck.oxydul.	starker weißer Niederschlag	starker weißer Niederschlag	starker gelber Niederschlag.

Aus der Belladonnawurzel.

Reagentien	Belladonna-base	Belladonna-säure No. 1.	Belladonna-säure No. 2.
Salpetersaures Wismuth	nach 6 — 8 Stunden schwacher weißer Niederschlag	bräunlichgelber Niederschlag	Trübung.
— Zink	———	———	———
Essigsaure Salze:			
saures — Bley	———	starker gelber Niederschlag	gelblicher Niederschlag.
basisch — —	Trübung	weißer Niederschlag	starker weißer Niederschlag.
— Queck. oxydul.	weißer Niederschlag	weißgelblicher Niederschlag	Trübung.
Weinsaure Salze:			
— Antim. Kali (Tart. emet.)	———	———	———

Aus den Belladonnablättern.

Reagentien	Belladonnabase	Belladonnasäure No. 1.	Belladonnasäure No. 2.
Salpetersaures Wismuth	starker weißer Niederschlag	starker weißer Niederschlag	———
— Zink	———	———	———
Essigsaure Salze:			
saures — Bley	———	starker weißer Niederschlag	schwacher gelber Niederschlag.
basisch — Bley	weißer Niederschlag	starker weißer Niederschlag	goldgelber Niederschlag.
basisch — Queck.-oxydul.	flockiger weißer Niederschlag	schmutzig weißer Niederschlag:	gelblichweißer Niederschlag.
Weinsaure Salze:			
— Antim. Kali (Tart. emet.)	———	———	———

III. Rückblick und Bemerkungen.

1. Vergleicht man die Reactionen der Säuren im Allgemeinen mit denen der Bilse, so zeigen sich mehrere Verschiedenheiten, unter denen die Grünfärbung des oxydirten salzsauren Eisens und die Fällung der Kupfersalze die merkwürdigsten sind, die Basen weichen weniger ab, und die gleiche Wirkung auf die Eisen- und Kupfersalze und auf die Iris, könnten die Meynung der Identität beyder bestärken, wenn nicht die Intensität und die Dauer der Erweiterung bedeutende Abweichungen zeigte.

2. Geht man die Wurzelanalyse mit der Blattanalyse vergleichend durch, so treten hier zwischen Wurzel- und Blattbasen und Wurzel- und Blattsäuren bedeutendere Verschiedenheiten auf, als es bey der Bilse der Fall war. Die Basen weichen im Geschmack, und besonders im Verhalten gegen einige Reagentien (Metallsalze) von einander ab; die Säuren im Verhalten gegen das Kupfer, das die Blattsäure No. 1. fällt, die andere nicht, gegen das salzsaure Eisen, das die Wurzelsäure No. 1. und die Blattsäure No. 2. grünt, in der Färbung durch Salpetersäure und durch Laugen u. s. w. Wir geben gerne zu, daß dies von dem den Säuren und Basen noch anhängenden Fremden herrühren mag, nahmen aber dennoch keinen Anstand, es als derselben eigenthümlich aufzuführen, bis eine fremde Beimischung erwiesen ist. Mit der nähern Kenntniß der eigenthümlichen Salze, die diese Basen und Säuren mit andern Säuren und Basen bilden, werden wir auch hierüber Licht bekommen, denn in der Salzformation giebt sich der eigentliche Charakter der Säure und der Base kund,

3. Blicken wir zurück auf ältere Meynungen über das chemische der Bell., so lassen sie sich jetzt berichti-

gen. — Pfaff setzt in seinem System der Mat. med. V. neben dem Hyosc., der Datura, dem Taback u. s. w. auch die Belladonna unter die Rubrik „narkotischer Extractivstoff", der jetzt mit der Auffindung des narkotischen Stoffs als eines alkalischen, in sein hypothetisches Nichts zurückkehrt, aus dem er entsprungen. Ungeachtet dieses narkotischen Extractivstoffs sollten nach Pfaff (ohne seinen Ausspruch durch Facta zu bewahrheiten, noch 2 Stoffe als Träger der narkotischen Kraft in Betracht kommen, nehmlich das grüne Satzmehl und der Eyweißstoff (Syst. der mat. med. V. p. 39.), dieser Meynung ist auch hier begegnet, da diese Stoffe nur von dem adhärirenden narkotischen Prinzip ihre Wirkung borgen. Uebrigens verfällt Herr Pfaff in eine Inkonsequenz, wenn er bey der Angabe der Extractbereitung aus Narkoticis, diesen Stoffen, denen er hier bestimmte narkotische Wirkung zuschreibt, das Zugegenseyn in den Extracten versagt (a. a. O. p. 47.).

Anhang.

Vergleichende Versuche über die Pupillenerweiternde Kraft der Wurzel- und Blattbase der Belladonna.

Bestimmung des typischen Verlaufs der Pupillenerweiterung, Zunahme, Akme und Abnahme. Vergleiche Tabelle II.

Anm. Das Verfahren bey der Applikation und die Dosis des aufs Auge gebrachten narkotischen Stoffs ist hier ganz wie bey der Bilse, daher unnöthig, hier wiederholt zu werden.

Bemerkungen.

Zwischen der Intensität der Wurzel- und Blattbase scheint nach diesen Versuchen kein großer Unterschied obzuwalten, wenigstens ist er nicht so bedeutend, wie bey der Bilse und der Datura (siehe Tabelle I. und III.) Jedoch scheint auch hier, wie bey der Bilse das Wurzelprinzip das überwiegend narkotische zu seyn, denn die Pupillenerweiterung erfolgte durch dasselbe im Ganzen schneller und war energischer. — Uebrigens sind diese Versuche noch nicht geschlossen, sondern können zu interessanten Resultaten führen, wenn Physiologen vom Fach sie mit einem, die Veränderungen der Pupillengröße genau messenden, Instrumente wiederholen wollen.

II. Bestimmung der Dauer der Wirkung.

Auch hier wurde wie bey der Bilse $\frac{1}{120}$ Gran der Basen aus Wurzel und Blatt aufs Katzenauge gebracht, und der Effekt beobachtet.

Wurzelbase	Blattbase
Abends um 10 Uhr applizirt.	Abends um 10 Uhr applizirt.
Die Wirkung dauerte bis zum andern Abend um 10 Uhr, also volle 24 Stunden.	Die Wirkung dauerte bis zum andern Abend um 10 Uhr, also auch volle 24 Stunden.

III. Bestimmung der Intensität der narkotischen Basen.

Hier wurde wie bey der Bilse $\frac{1}{11620}$ Gran der Basen aufs Auge gebracht.

Wurzelbase	Blattbase
Mittags um 11 Uhr applizirt.	Mittags um 11 Uhr applizirt.
Nach 12 Uhr zeigte sich eine geringe Erweiterung, die bis gegen 4 Uhr zu unterscheiden war.	Nach 12 Uhr zeigte sich eine geringe Erweiterung, die bis gegen 4 Uhr zu unterscheiden war.

C. Datura Stramonium, Stechapfel.

I. Geschichtliche Momente.

Kein gewiegter Chemiker hat sich der Analyse der Datura unterzogen, ihr Stoffverhältniß blieb daher, wie das so vieler andern Pflanzen, bis heute ein chemisches Problem.

Eine einseitige, von keinem leitenden Prinzipe erleuchtete Empirie hat jedoch auch hier ihr loses Spiel getrieben, und hat der Natur Sachen angedichtet, vor deren Production sie sich selber schämen müßte. — Apotheker Promnitz hat nehmlich die Daturablätter auf die alte Weise analysirt, und will folgendes gefunden haben:

1. Wasser (das Allerunwesentlichste steht oben an).
2. Grünes Satzmehl.
3. Eyweißstoff.
4. Trockne Faser.
5. Gummigter Extractivstoff.
6. Erdiger Niederschlag.
7. Extractivstoff oder Seifenstoff.
8. Harz. (Pfaff Syst. der Mat. med. V. p. 73.)

Es ist nicht nöthig, hierüber noch ein Wort zu verlieren, dem Sinnigen drängt sich das Urtheil von selbst auf: solche Arbeiten haben nur den Nutzen eines warnenden Beyspiels vor ähnlichen Fehlgängen.

II. Eigene Versuche und Beobachtungen.

Da auch die Bestandtheile der Datura sich zu einander polar, wie Basisches zu Saurem verhalten, und der basische narkotische Stoff sich (wenigstens mit einer Säure) zu einem organischen Salze in der Datura vereinigt befindet, kurz dasselbe Verhältniß, was wir bey der Bellad. und dem Hyoscyamus aufgezeigt haben, auch hier wiederkehrt, so wird die Zerlegungsweise auch keine von diesen verschiedene seyn, so daß die Darstellung der Daturabasis und der Daturasäuren ganz denen aus der Bilse und der Belladonna analog ist. Auch hier ist das Auge (oder vielmehr die Iris) ein untrügliches Reagens für den narkotischen Stoff der Datura (der Daturabase), und hat uns auch hier gedient, denselben ausfindig zu machen. Uebrigens ist zur reinen Darstellung der Daturasäuren durchaus Extrahiren der unverkleinerten Pflanzentheile mit kaltem Wasser nothwendig, denn nimmt man den mit heißem Wasser gemachten Auszug oder wohl gar den ausgepreßten Saft frischer Blätter zur Abscheidung der Säuren mittelst des essigsauren Bleyes, so bekommt man mit der Säure No. 1. zugleich einen braungefärbten geschmack- und geruchlosen Stoff, der eben so wie der, durch Auskochen von, mit kaltem Wasser erschöpften, Belladonnablättern erhaltene Stoff, starke chemische Reactionen (gegen Metallsalze) hervorbringt, ohne etwas ausgezeichnetes Dynamisches zu haben, denn die Pupille affizirt er nicht. —

Die Analyse ist auch hier vergleichend zwischen Wurzel und Blättern durchgeführt. Die Daturawurzel hat das Merkwürdige, daß ihre dynamische Wirkung im Vergleich in der Bilsen- und Belladonnawurzel sehr geringe ist; sie ist größtentheils holziger Natur, und ihre Kraft scheint sie in dem mächtigen Blatt- und Stengeltriebe zu erschöpfen. Da wir noch nicht wissen, wie die Bestandtheile einer Pflanze durch Boden, Standort, Jahreszeiten, Alter, Systemen- und Organenausbildung modifizirt werden, so kann diese so wie die beyden vorhergehenden Untersuchungen nur Vorbereitungen zu eigentlichen Analysen seyn; indem wir das hier Gelieferte eigentlich als nichts weiter geltend machen wollen, denn als einen Versuch, wodurch man zeigt, wie die Sache anzugreifen ist. Eine durchgreifende Analyse der Datura, kann, auch noch so aphoristisch dargestellt, ein ganzes Buch füllen und einen Chemiker über ein Jahr lang beschäfftigen. Denn es ist nicht genug, ein Pflanzenorgan oder System, z. B. Wurzel oder Blatt zu untersuchen, sondern alle müssen vergleichend analysirt werden, z. B. erst Wurzel, Stengel, Laub im Ganzen, dann im Einzelnen, z. B. von der Wurzel: die radiculae, das Rhizom u. s. w. für sich, vom Stengel: die Rinde, der Bast, der Splint, das Holz, das Mark, jedes für sich, u. s. w., dann die Blume im Ganzen mit ihren Theilen, hierauf im Einzelnen: die Geschlechtstheile, die Saamenbehälter u. s. w., dann der Saame reif und unreif u. s. w. Kommen hiezu nun noch die Untersuchungen der Pflanze in ihrem verschiedenen Lebensalter, auf ihren verschiedenen Standpunkten, in den verschiedenen Jahreszeiten, so können die Resultate sich schon zu einem Buche häufen. Bevor wir dergleichen durchgreifende Untersuchungen nicht haben, läßt sich auch nichts Bestimmtes über Congruenz zwischen Form und Stoff, die gewiß existirt, aufstellen.

Aus der Daturawurzel.

Reagentien	Daturabase	Daturasäure No. 1.	Daturasäure No 2.
I. Dynamisch-animalische Reagentien			
Geschmack	scharf	sauer	sauer
Geruch	schwach, aber eigenthümlich	unbedeutend	unbedeutend
Gesicht			
a. Färbung	hellgelb	gelblich	fast farblos.
b. Formung	bildet eine klebrige Masse	zerfließt	zerfließt.
Iris	erweitert die Pupille mit geringer Intensität	wirkt nicht	wirkt nicht.
II. Physikalische Reag.			
Wärme	ist mit Wasser nicht über zu destilliren, wird bey trockner Hitze zersetzt	ist nicht flüchtig	ist nicht flüchtig.
Voltaismus	geht zum — Pol	geht zum + Pol	geht zum + Pol.
IV. Organisch-vegetabilische Reag. *)			
Gallussäure No 1.	gelber Niederschlag	——	——
V. Mineralische Reag			
Lösungsmittel:			
Aether	löslich	unlöslich.	schwer löslich.
Alkohol	leicht löslich	leicht löslich	leicht löslich.
Wasser	dito	dito.	dito.
Laugen:			
Aetzkalilösung	Gerinnung und flock Niederschl.	——	——
Aetzammonlösung	flockiges Gerinsel scheidet sich ab	——	——

*) Die organisch-animalischen Reagentien bewirken keine Reaction.

Aus den Daturablättern.

Reagentien	Daturabase	Daturasäure No 1.	Daturasäure No. 2.
I. Dynamisch-animalische Reagentien.			
Geschmack	scharf	sauer	sauer.
Geruch	betäubend	schwach und unbedeutend	geruchlos.
Gesicht			
a. Färbung	gelblich	gelb	gelblich.
b. Formung	bildet eine Feuchtes anziehende Masse	zerfließt	zerfließt.
Iris	erweitert die Pupille mit großer Intensität	wirkt nicht	wirkt nicht.
II. Physikalische Reag.			
Wärme	ist mit Wasser nicht destillbar, wird bey trockner Hitze zersetzt	ist mit Wasser nicht zu verflüchtigen	ist nicht flüchtig.
Voltaismus	geht zum — Pol	geht zum + Pol	geht zum + Pol.
IV. Organisch-vegetabilische Reag.			
Gallussäure No. 1	gelber Niederschl.	———	———
V. Mineralische Reag.			
Lösungsmittel:			
Aether	löslich	löslich.	schwer löslich.
Alkohol	leicht löslich	leicht löslich.	leicht löslich.
Wasser	dito	dito.	dito.
Laugen:			
Aetzkalilösung	Gerinnung und flockiger Ndschl.	———	Gelbfärbung.
Aetzammonlösung	flockiges Gerinsel scheidet sich ab	———	Gelbfärbung.

Aus der Daturawurzel.

Reagentien	Daturabase	Daturasäure No. 1.	Daturasäure No. 2.
Aetzkalklösung	flockig weißer Niederschlag	gelblicher Niederschlag nach einiger Zeit	gelblicher Niederschlag nach einiger Zeit.
Säuren:			
Schwefelsäure	———	———	———
Salzsäure	———	———	———
Salpetersäure	———	———	———
Salze:			
Schwefelsaure Salze:			
— Kupfer	Erhöhung der Farbe	———	———
Salzsaure Salze:			
— Eisenoxyd	castanienbraune Färbung	———	———
— Queck oxyd.	schwacher Niederschlag	———	———
— Zinnoxydul	gerinnt zur weißen gallertartigen Masse	bildet eine feste weißliche Masse	———
— Baryt	———	weißer N.	———
Salpetersaure Salze:			
— Bley	———	schwacher weißer Niederschlag	———
— Kupfer	Farbenerhöhung	———	———
— Silber	dunkelbrauner Niederschlag nach einigen Stunden	———	hellbrauner Niederschlag.
— Queck.oxyd	schwacher flockig weißer Ndschl.	starker weißer Niederschlag	Trübung.
— Queck.oxydul.	starker weißer N.	dito	schwach. weiß.N.
saures — Wism.	dito	dito	dito
— essigsaures Bley	———	schmutzig gelber Niederschlag	weißlicher Niederschlag.
basisch — Bley	weißer Niederschlag	starker weißer Niederschlag	starker weißer Niederschlag
— Queck.oxydul.	schwach weißerN.	Trübung	schwach. weiß.N.

Aus den Daturablättern.

Reagentien	Daturabase	Daturasäure No. 1.	Daturasäure No. 2.
Aetzkalklösung	flockig weißer Niederschlag	weißer flockiger Niederschlag	die Flüssigkeit wird gelb und nach mehreren Stunden gelber Niederschlag.
Säuren:			
Schwefelsäure	———	———	———
Salzsäure	———	———	keine Färbung.
Salpetersäure	———	———	dito.
Salze:			
Schwefelsaure Salze:			
— Kupfer	Erhöhung der Farbe	———	———
Salzsaure Salze:			
— Eisenoxyd	castanienbraune Färbung	Gelbfärbung	Gelbfärbung.
— Queck.oxyd.	flockig weißer Niederschlag	———	———
— Zinnoxydul	gallertartige Gerinnung	gesteht zur festen weißlichen Masse	———
— Baryt	———	weißer Niederschlag	———
Salpetersaure Salze:			
— Bley	———	schwacher weißer Niederschlag.	———
— Kupfer	Farbenerhöhung	———	———
— Silber	gelblicher Niederschlag, nach einigen Stunden dunkelbraun	weißer Niederschlag, nach 3—4 Stunden noch unverändert	nach 3 Stunden ein gelber Niederschlag.
— Queck oxyd.	starker weißer Niederschlag	starker weißer Niederschlag	starker gelber Niederschlag
— Queck.oxydul	dito	dito	dito.
saures — Wism.	dito	dito	dito.
— essigsaures Bley	———	schmutzig weißer Niederschlag.	weißgelber Niederschlag.
basisch — Bley	schwacher weißer Niederschlag	starker weißer Niederschlag	starkgelber Niederschlag.
— Queck.oxydul	dito	schwach. weiß. N.	Trübung.

III. Bemerkungen.

Man sieht, daß die Basen und Säuren in chemischer Hinsicht zwar Unterschiede, aber doch nur sehr geringe zeigen, was von fremdartigen Dingen herrühren kann, wir wagen daher nichts über Identität, Verschiedenheit rc. zu entscheiden, weil Salzverbindungen mit andern Säuren und Basen hier nur den Ausschlag geben können. Dynamisch thun sich jedoch Abweichungen zwischen den beyden Basen hervor, wie folgende Tabelle zeigt. (Siehe Tabelle III.)

Anhang.

Vergleichende Versuche über die Pupillenerweiternde Kraft der Wurzel- und Blattbase der Datura.

I. Bestimmung des typischen Verlaufs der Pupillenerweiterung, Zunahme, Akme und Abnahme. Vergleiche die Tabelle III.

Bemerkung.

Die Verschiedenheit in der dynamischen Wirkung zwischen Wurzel- und Blattbase ist allerdings groß, und wenn sie sich auch bey andern Katzen verschiedenen Alters bestätigen sollte, von großem Intresse, wenn sichs nicht erweist, daß die Beymengung fremden Stoffs diese Verschiedenheit begründet, oder daß der körperliche Zustand des als Reagens gebrauchten Thiers hier unbekannte Abänderungen bewirkte, alles Dinge, die noch eine fernere Prüfung verdienen.

II. Bestimmung der Dauer der Wirkung.

Wurzelbase.	Blattbase.
Abends um 10 Uhr applizirt.	Abends um 10 Uhr applizirt.
Die Wirkung dauerte bis	Die Wirkung dauerte bis

zum andern Tag Mittags, um halb 1 Uhr, also nur etwa 14 Stunden.	zum andern Tag Abends um halb 10 Uhr, also fast 24 Stunden.

III. Bestimmung der Intensität der narkotischen Basen.

Hier wurde ein gleiches Quantum wie bey den entsprechenden Versuchen der Bilse und Belladonna aufs Auge gebracht. Es zeigte sich folgender Unterschied der Intensität:

Wurzelbase.	Blattbase.
Um 11 Uhr Morgens applizirt.	Um 11 Uhr Morgens applizirt.
Die narkotische Wurzelbase bewirkte aber nur eine sehr schwache Erweiterung der Pupille, die kaum zu unterscheiden war und bald wieder verschwand.	Um 11½ Uhr zeigte sich schon eine Erweiterung, die bis 1 Uhr zunahm und bis 8 Uhr Abends dauerte.

Anhang zur Analyse der 3 Narkotica.

Vergleichende Versuche über die Zerstör- und Nichtzerstörbarkeit der Bilsen-, Belladonna- und Daturabasen und ihrer aufs Auge wirkenden Kraft, durch chemische Potenzen.

Diese Versuche wurden vorzugsweise angestellt, um vielleicht bestimmtere Verschiedenheiten, als sie die Reaktionen in den Analysen gegeben, durch das Verhalten gegen Laugen und Säuren auszumitteln; allein die Resultate entsprachen der Erwartung nicht, denn alle 3 Basen verhalten sich rücksichtlich ihrer Zerstörbarkeit durch genannte chemische Potenzen völlig gleich, so daß im

Allgemeinen die Aetzlaugen sie selbst und somit auch ihre Wirkung aufs Auge zerstören, hingegen die Säuren sie zu fördern und zu entwickeln scheinen. Die nähern Vorsichtsmaßregeln bey Anstellung derley Versuche sind ausführlich (im Capitel II.: Auge als Reagens) angegeben, daher genügt es hier, der Versuche und ihrer Erfolge kurz Erwähnung zu thun.

1. Aetzkalilösung zerstört die Wirkung auf die Iris nach einer 14tägigen kalten Digestion gänzlich bey allen dreyen Basen.

2. Aetzammonlösung übt dieselbe zerstörende Wirkung aus.

3. Aetzkalklösung zernichtet in derselben Zeit die Pupillenerweiternde Kraft.

4. Kohlensaure Kalilösung wirkt mit viel geringerer Intensität ein, denn nach 18tägiger kalter Digestion erfolgte noch Pupillenaffection.

5. Verdünnte Schwefelsäure mit den Basen kalt digerirt, schmälert die Wirkung nicht, die concentrirte zerstört natürlich den Stoff und die Kraft.

6. Salzsäure, selbst concentrirte und damit bis zum Kochen so lange erhitzte, bis alle Säure verdunstet war, hebt die Wirkung weder auf, noch schmälert sie dieselbe.

7. Concentrirte Salpetersäure verhielt sich ganz gleich.

8. Rauchende Salpetersäure mit den Basen auf einem flachen Gefäße gemischt, und so lange erwärmt, bis alles verdunstet ist, zernichtet die Wirkung nicht.

9. Chlorine, damit in Digestion gestellt, scheint die Wirkung noch zu fördern.

Es lassen sich aus diesen Erfahrungen mancherley wichtige Folgerungen ziehen:

1. Es ist durchaus fehlerhaft in Rezepten, die Extracte u. dgl. der obigen genannten Narkotica mit Aetzlaugen, wie es so oft geschieht, zu verordnen, so wird z. B. nicht selten der liquor ammonii vinosus oder anisatus mit Extractum Hyoscyami verschrieben, wodurch, wenn nicht alles, doch ein grosser Theil des Wirksamen zerstört wird.
2. Passen die Aetzlaugen nicht aus eben berührtem Umstande, zur reinen Darstellung der Basen getrennt von Essigsäure), denn sie schlagen sie zwar nieder, aber zerstören sie auch zum Theil gleichzeitig.
3. Daß die Aetzlaugen wegen dieser ihrer zerstörenden Einwirkung chemische Antidota abgeben könnten, wollen wir nicht behaupten, weil die Zerstörung mehr das Resultat einer längern continuirlichen Einwirkung ist, denn schüttelt man die Lösungen der Basen einige Minuten mit Aetzammon oder Aetzkalklösung und bringt sie dann aufs Auge, so ist die Wirkung noch unversehrt.
5. Die Nichtzerstörbarkeit dieser Basen durch Säuren selbst unter Erhitzen verdient alle Aufmerksamkeit, weil hier wahrscheinlich neutrale oder salzartige Verbindungen entstehen, denen als Hauptcharakter die Pupillenerweiternde Eigenschaft zukommt. Wie die so mit Säuren behandelte Base sich qualitativ oder dynamisch und chemisch von der andern unterscheidet, haben wir noch nicht erforscht, sie wird aber gewiß von der Säure, mit der sie behandelt worden, enthalten und dadurch modifizirt erscheinen.

Sechstes Capitel.

Kaffe.

I. Geschichtliche Momente.

Chenevix, Paysse, Schrader, Grindel, Cadet u. a. haben den Kaffe chemisch untersucht. Ihre Beobachtungen und Untersuchungen führen fast alle zu einem und demselben Resultate, nehmlich zur Annahme eines eigenthümlichen Stoffs des Kaffes, der unter dem Namen Kaffestoff aufgeführt und auf verschiedene Weise darzustellen gelehrt wird.

Nach Pfaff (Syst. der Mat. med. III. p. 3—45.) soll man das mittelst Kochen und Abdampfen aus den rohen Bohnen erhaltene Extract mit Weingeist von 88 p. c. ausziehen, wobey das Schleimige zurück bleibe. Nach Abzug des Weingeistes soll man den Rückstand mit absolutem Alkohol behandeln (der das Harz aufnimmt) und die rückständige Masse, die der reine Kaffestoff seyn soll, in Wasser lösen.

Chenevix giebt ein anderes Verfahren an. Man schlägt nach ihm den concentrirten Kaffeabsud mit salzsaurem Zinn nieder, zersetzt den Niederschlag durch Schwefelwasserstoff, wo dann dasjenige, was sich hier mit dem Wasser verbindet, das wirksame Prinzip des Kaffes oder der Kaffestoff seyn soll.

Der auf diese Weise erhaltene Stoff ist nach der Angabe der Beobachter sauer schmeckend, in Alkohol und Aether nicht lösbar, wird durch Kalien dunkelgelb, durch Salpetersäure roth gefärbt; bewirkt in den verdünnten

Lösungen der oxydirten Eisensalze grasgrüne Färbungen, fällt die Zinn-, Bley-, Wismuth-, Quecksilber- und Kupfersalze reichlich, die Gold-, Silber-, Platin- und Zinksalze aber nicht (Pfaff a. a. O. III. p. 5.).

Außer diesem Stoff werden nun noch mehrere angegeben, die man im Kaffe aufgefunden haben will, so soll z. B. nach Grindel, der die wesentlichen und wirksamen Bestandtheile des Kaffes für ganz identisch mit denen der China (!) hält, derselbe außer Chinasäure (!) noch Leim (!) enthalten (Pfaff a. a. O. III. p. 6.). Dieß veranlaßte ihn zu der höchst einseitigen Behauptung: daß die Kaffebohnen das kräftigste Surrogat der China seyen.

Schrader hat mittelst der bisher üblichen Zerlegungsmethode im Martinique-Kaffe folgende Stoffe gefunden:

1. Eigenthümliche Kaffesubstanz (siehe oben).
2. Gummigtes und schleimigtes Extract.
3. Extractivstoff.
4. Harz.
5. Talgartiges Oehl.
6. Trockner Rückstand.
7. Wasser.

In dem gerösteten Kaffe fand er dieselben Bestandtheile, nur in andern Verhältnissen (Pfaff a. a. O. III. p. 15. und 17.).

Cadet führt außer Harz und Schleim und Extractivstoff noch Gallussäure und Eyweißstoff als Kaffebestandtheile auf. (Pfaff III. p. 16.).

Man muß gestehen, daß diese Arbeiten, mit wie vielem Fleiß sie auch angestellt seyn mögen, doch nicht genügen, weil sie über das wahre chemische Verhältniß der Kaffebestandtheile zu einander gar nichts aufklären, — auch steht jeder einzelne Bestandtheil zwar benannt, aber doch bedeutungslos da. — Neuerdings hat wieder Jemand: der Franzose Armand Seguin eine Analyse des Kaffes unternommen, aber auch nichts besseres geliefert, denn er will

1. Eyweißstoff,
2. Oehl,
3. Bitterstoff,
4. grüne Materie

gefunden haben. Die letztere ist nach ihm eine Verbindung von Eyweißstoff und Bitterstoff (Tromsdorff neues Journal der Pharmacie, 1 B. 2 St. p. 103.)

II. Eigene Versuche und Beobachtungen.

Darstellung des im Kaffe enthaltenen basischen Stoffs und der beyden Kaffesäuren.

Die durch Waschen von ihrer dünnen Oberhaut befreyten ungerösteten Bohnen werden unzerstoßen durch öfteres Umschütteln, mit kaltem Wasser ausgezogen, ohne dabey die geringste Wärme anzuwenden, (im Sommer stellt man die digerirende Mischung in den Keller). Nachdem der (trübe) Auszug filtrirt worden, setzt man saures essigsaures Bley hinzu, das einen starken weißen Niederschlag bewirkt und die Kaffesäure No. 1. abscheidet. Das kaffesaure Bley wird durchs Filter getrennt und zur klar durchlaufenden Flüssigkeit (worin das saure essigsaure Bley nichts mehr fällt) basisches essigsaures Bley gesetzt, das sich mit der Kaffesäure No. 2. zu einem gelblichweißen Niederschlag verbindet. Beyde kaffesauren Bleyverbindungen werden nach dem gehörigen Aussüßen durch Schwefelwasserstoff zersetzt, wo die Kaffesäuren an das Wasser treten, die man bey gelinder Wärme zur Trockne verdunstet und in Alkohol auflöst, um alles Fremdartige zu entfernen. Der Alkohol wird dann wieder abgeschieden, die Säuren aber in Wasser gelöst und gegen Reagentien geprüft.

Die Kaffebase ist in der noch übrigen Flüssigkeit (woraus die beyden Säuren geschieden worden) enthalten. Man entfernt daher das überschüssig zugesetzte Bley durch Schwefelwasserstoff die Essigsäure und das Wasser durchs Verdampfen. Sobald die Flüssigkeit durch das Verdunsten ziemlich in die Enge gebracht ist, scheidet sich beym Erkalten die Kaffebasis cristallinisch aus, und stellt so eine geronnene Masse dar, die in der Wärme wieder schmilzt, das Wasser fahren läßt und als trockne, bröcklige Substanz hinterbleibt, die man nun, um das Fremdartige zu trennen, mit Alkohol digerirt, der den eigentlich wirksamen Bestandtheil des Kaffes, die Kaffebase aufnimmt. Der Alkohol erscheint nach der Digestion kaum gefärbt, durch langsames Verdunsten desselben scheidet sich die Kaffebase in farblosen cristallinischen Blättchen ab, sie wird nun im Wasser gelöst, um gegen Reagentien die Probe zu halten.

Wenn man die auf obige Weise extrahirten Bohnen noch so lange mit kaltem Wasser wäscht, daß es geschmack- und geruchlos abläuft, und dann auskocht, so bekömmt man eine grünlich gefärbte Flüssigkeit, die weder Geschmack noch Geruch hat, beym Verdampfen und auch durch Stehen an der Luft noch intensiver gefärbt wird, fast alle Metallsalze fällt, auch mit dem grünen schwefelsauren Eisen (oxydul) eine grüne Färbung und einen eben solchen Niederschlag macht, so wie dieß hinsichtlich der Färbung auch mit dem oxydirtsolzsauren Eisen der Fall ist, nur daß kein Niederschlag entsteht. Weil nun dieser Stoff die Farbe der Bohnen und ihr Grünwerden an der Luft bedingt, und die merkwürdige Eigenschaft hat, mit dem Eyweiß gemischt dasselbe nach einigen Stunden intensiv grün zu färben, so nennen wir ihn einstweilen grüne Kaffefarbe, um ihn von den Kaffesäuren u. s. w. gehörig zu unterscheiden.

Die Behandlung der gerösteten Bohnen ist ganz dieselbe, nur daß man genöthigt ist, das Gemenge, (bey der Bereitung des Auszugs) mehr zu schütteln, wegen das durchs Rösten auf die Oberfläche hervorgetriebenen fetten Kaffeöhls. Man bekommt auf diese Weise einen sehr angenehm riechenden, schmutzig gelbbraun gefärbten Auszug, wobey die Bohnen (versteht sich die unverkleinerten) dunkelbraun gefärbt und fast geschmacklos zurückbleiben, die mit Wasser ausgekocht noch einen dunkelbraunen Absud geben, der sich (die Färbung ausgenommen) ganz wie obige grüne Kaffefarbe gegen Reagentien verhält.

Es ist unglaublich, was das kalte Wasser für eine Extractionskraft hat, da es auch diese gerösteten, ganz mit brenzlich fettem Oehl durchdrungenen Bohnen bis zur Geschmacklosigkeit auszieht. Der Auszug hat eine gelbliche Farbe, einen höchst angenehmen Geruch und den pikanten, durchdringend bittern Geschmack unsers beliebten alltäglichen Getränks, wenn ihm die gewöhnlichen Zuthaten, Milch und Zucker, fehlen.

Aber das kalte Wasser nimmt nur gleichsam die Quintessenz auf, denn der braune, geschmack- und wirkungslose Farbestoff bleibt, wie gesagt, zurück und wird nur durch heißes geschieden. Ein sehr angenehmer Umstand für den Analytiker, ohne welchen es vielleicht gar nicht möglich wäre, die Kaffesäure No. 1. frey von aller fremden Beymischung zu erhalten, da das saure essigsaure Bley den Farbestoff und die Säure zugleich fällen würde. — Man sieht hieraus, wie nothwendig, ja unentbehrlich die so ganz übersehenen kalten Extractionen sind, um eine der Heilkunde frommende Pflanzenzerlegung zu bewerkstelligen. Sie will das Dynamisch-wirksame, gesondert vom unwirksamen Stoff; sie will vom Chemiker wissen, was in der Pflanze wirkt und womit sie heilt. Bis dahin ist sie immer vornehm an der Pflanzenchemie, weil diese ihr darüber keine Auskunft gab, vorübergegangen. — Unser Streben ist, beyde mit einander wieder auszusöhnen, daher wir das Lebendige wie das Todte mit unsern Stoffen in Wechselwirkung bringen. —

Die Darstellung der beyden Säuren ist übrigens ganz wie beym ungerösteten Kaffe.

Aus dem rohen Kaffe *).

Reagentien	Kaffebase	Kaffesäure No. 1.	Kaffesäure No. 2.
I. Dynamisch-animalische Reag.			
Geschmack	weder stechend noch bitter, sondern süßlich herb und ekelhaft	sauer	sauer
Geruch	eigenthümlich ekelhaft	fast geruchlos	fast geruchlos.
Gesicht			
a. Färbung	ist gänzlich farblos	goldgelblich gefärbt	grünlich gefärbt.
b. Formung	scheidet sich aus der fast verdunsteten wässerigen und geistigen Lösung als cristallinische Masse	cristallisirt nicht, bildet eine klebrige glänzende Masse	cristallisirt nicht, bildet eine trockne Substanz
II. Physikalische Reag.			
Licht	———	———	———
Wärme	ist nicht flüchtig, und wird bey der Hitze des kochenden Wassers in eine bittre Substanz verwandelt	ist nicht destilirbar	ist nicht flüchtig.
Schwere (spec. Gewicht)	?	?	?
Voltaismus	geht zum — Pol	geht zum + Pol	geht zum + Pol
III. Organisch-animalische Reag			
Leimlösung	———	Trübung u. sehr schwacher Ndschl.	———
Eyweiß	———	verbindet sich mit demselben zu einem weißen Niederschlag, die überstehende Flüssigkeit ist wasserklar	färbt das Eyweiß schmutzig gelbbraun und schlägt auch dergleichen nieder, ohne daß die Flüssigkeit klar wird.

*) Es wurde zu dieser Analyse die im Handel unter dem Namen „Cheribonkaffe" vorkommende Sorte angewandt.

Aus dem gerösteten Kaffe.

Reagentien	Kaffebase	Kaff. säure No. 1.	Kaffesäure No. 2.
I. Dynamisch-animalische Reag.			
Geschmack	erst stechend, hernach angenehm bitter	sauer	sauer.
Geruch	eigenthümlich wie gebrannter Kaffe	unbedeutend	fast geruchlos.
Gesicht			
a. Färbung	bräunlichgelb	braungelb	goldgelb.
b. Formung	scheidet sich aus der fast verdunsteten wässerigen oder geistigen Lösung als cristallinische Masse	cristallisirt nicht, bildet eine Feuchtigkeit anziehende Masse	cristallisirt nicht.
II. Physikalische Reag.			
Licht	———	———	———
Wärme	wird bey der Hitze des kochenden Wassers nicht verändert	ist nicht flüchtig	ist nicht flüchtig.
Schwere (spec. Gewicht)	?	?	?
Voltaismus	geht zum — Pol	geht zum + Pol	geht zum + Pol.
III Organisch-animalische Reag.			
Leimlösung	———	———	———
Eyweiß	———	verbinden sich zu einem weißen Niederschl., das Ueberstehende ist wasserklar	ganz wie bey Kaffesäure No. 1.

Aus dem rohen Kaffe.

Reagentien	Kaffebase	Kaffesäure No. 1.	Kaffesäure No. 2.
IV. Organisch-vegetabilische Reag.			
Chinabase	———	starker weißgelblicher Niederschl.	———
Chinasäure No. 1.	starker weißröthlicher Niederschl.	———	———
Gallussäure No. 1.	hellbraungelber Niederschlag	———	———
Anm. Die andern veget. Basen und Säuren sind auch versucht, aber weil keine Reaction erfolgt, nicht mit aufgeführt.			
V. Mineralische Reag.			
Laugen.			
Aetzkalilösung	nach Verlauf von einigen Stunden entsteht ein gelatinöser halbdurchsichtiger Niederschlag	macht die bis zur Farblosigkeit verdünnte Säure intensiv goldgelb	macht die bis zur Farblosigkeit verdünnte Säure hellgoldgelb
Aetzammonlösung	bewirkt nach einiger Zeit einen weißen flockigen Satz	wird schon gelbgrün gefärbt — durch verdünnte Schwefelsäure wird die Farbe fast ganz getilgt	braunroth gefärbt, durch verdünnte Schwefelsäure wird die Farbe getilgt.
Aetzkalklösung	es entsteht ein starker flockiggelber Niederschlag	beym Ueberschuß des Kalkwassers entsteht eine schöne hellgelbe Färbung, und ein solcher Niederschlag beym Ueberschuß der Säure verschwindet Farbe und Niederschlag gänzlich.	verhält sich im Wesentlichen wie die Säure No. 1, nur daß der gelbe Niederschlag beym Ueberschuß des Kalkwassers nicht gleich wie dort, sondern erst nach einigen Stunden entsteht.

Aus dem gerösteten Kaffe.

Reagentien	Kaffebase	Kaffesäure No. 1.	Kaffesäure No. 2.
IV. Organisch-vegetabilische Reag.			
Chinabase	——	starker gelblicher Niederschlag	——
Chinasäure No 1.	starker gelbröthlicher Niederschl.	——	——
Gallussäure No. 1.	braungelber Niederschlag	——	——
V. Mineralische Reag.			
Laugen:			
Aetzkalilösung	nach einig. Stunden setzt sich ein gelbes flockiges Wesen ab (aber nicht so viel wie bey der Base aus rohem Kaffe.)	die bis zur Farblosigkeit verdünnte Säure wird schön braungelb	verhält sich ganz wie Säure No. 1, nur ist die Färbung nicht so dunkel.
Aetzammonlösung	es scheidet sich ein geringer flockiger Satz ab	dunkelbraun gefärbt, wird durch verdünnte Schwefelsäure nicht entfärbt, sondern nur blässer	dunkelbraunroth gefärbt — wird durch Schwefelsäure auch nicht gänzlich entfärbt
Aetzkalklösung	ein braungelb gefärbter Niederschlag wird in Verlauf einig. Stunden abgeschieden	beym Ueberschuß des Aq calc. entsteht ein gelbgrüner Niederschlag; beym Vorwalten der Säure wird alles wieder klar, jedoch bleibt die Flüssigkeit gelblich gefärbt	beym Uebermaß des Kalkwassers entsteht gelbe Färbung und ein Niederschl. (letzterer aber erst nach einigen Stunden; prädominirt die Säure, so wird alles hellgelb.

Aus dem rohen Kaffe.

Reagentien	Kaffebase	Kaffesäure No. 1.	Kaffesäure No. 2.
Säuren:			
Schwefelsäure (diluirt) Salzsäure	} ———	bewirken keine	Färbung
Salpetersäure	———	die zur Farblosigkeit verdünnte Flüssigkeit wird goldgelb	die farblose Flüssigkeit wird blaßgelb.
Lösungsmittel:			
Aether	unlöslich	unlöslich	unlöslich
Alkohol	leicht löslich	leicht löslich	schwer löslich
Wasser	dito	dito	leicht löslich
Salze:			
halb kohlensaures Kali	———	dunkelgoldgelb gefärbt	dunkelrothbraun.
schwefels. Eisenoxydul	———	———	———
— Zink	———	———	———
— Kupfer	die blaue Farbe wird etwas erhöht	———	———
Salzsaure Salze:			
— Eisenoxyd.	die bis zur Helle verdünnte Flüssigkeit wird goldgelb	die sehr verdünnte Eisenlösung wird intensiv grasgrün	das verdünnte Reagens wird grasgrün, aber nicht so gesättigt wie die Säure No. 1.
— Queck oxyd.	schwacher weißer Niederschlag	———	———
— Zinnoxydul	starker flockigweißer Niederschlag	starker körniger weißer Ndschl.	———
— Baryt	———	Trübung	weißer Ndschl.
Salpetersaure Salze:			
— Bley	———	———	weißlicher N.
— Kupfer	die bis zum hellblauen verdünnte Kupferlösung wird etwas stärker gebläuet	———	———

Aus dem gerösteten Kaffe.

Reagentien	Kaffebase	Kaffesäure No. 1.	Kaffesäure No. 2.
Säuren:			
Schwefelsäure (diluirt) Salzsäure	——	bewirken keine	Färbung.
Salpetersäure	——	die verdünnte Säure wird schön gelbbraun	wird unter gleichen Umständen goldgelb gefärbt
Lösungsmittel:			
Aether	unlöslich	unlöslich	unlöslich.
Alkohol	leicht löslich	leicht löslich	löslich.
Wasser	dito	dito	dito.
Salze:			
halb kohlensaures Kali	——	dunkelbraunroth gefärbt.	dunkelbraunroth.
schwefels. Eisenoxydul	die Flüssigkeit wird etwas gelblich gefärbt	——	——
— Zink	——	——	——
— Kupfer	die blaue Farbe wird etwas erhöht		——
Salzsaure Salze:			
— Eisenoxyd	die fast bis zur Farblosigkeit verdünnte Eisenlösung wird goldgelb	wird unter ähnlichen Umständen intensiv grasgrün	wird gleichfalls grün gefärbt, aber blässer.
— Queck.oxyd.	starker weißgelblicher Niederschl.	——	——
— Zinnoxydul	starker schmutzig gelber Niederschl.	gerinnt zur festen Masse	——
— Baryt	——	Trübung	weißer Niederschlag.
Salpetersaure Salze:			
— Bley	——	——	gelblicher Nschl.
— Kupfer	die hellbraune Kupferlösung bekommt eine erhöhtere, aber grüne Farbe (weil die Base gelblich ist)	——	——

Aus dem rohen Kaffe.

Reagentien	Kaffebase	Kaffesäure No. 1.	Kaffesäure No. 2.
salpeters. Silber	nach einer Stunde noch kein Niederschlag, nach 12 Stunden ein schwacher flockig grüner	es entsteht ein sehr geringer, nach 12 Stunden schwarzer Niederschlag	ganz wie die Säure No. 1.
— Quecksilberoxyd.	schwacher weißer Niederschlag	starker braungelber Niederschlag	starker weißgelblicher Niederschl.
— Queck.oxydul	reichlicher weißer Niederschlag	reichlicher gelblichweißer Niederschlag	schwach bräunlicher Niederschl.
saures — Wism.	starker weißer Niederschlag	starker gelblichweißer Niederschlag	starker weißgelblicher Niederschl.
— Zink	———	———	———
Essigsaure Salze:			
saures — Bley	———	starker weißer Niederschlag.	schwacher grünlichgelber Niederschlag.
basisch — Bley	weißlicher Niederschlag	starker strohgelber Niederschlag	starker gelblichweißer Niederschlag.
— Queck.oxydul	———	weißgelber Niederschlag.	Trübung.
Weinsaure Salze:			
— Antim. Kali	———	———	———

Aus dem gerösteten Kaffe.

Reagentien	Kaffebase	Kaffesäure No. 1.	Kaffesäure No. 2.
salpeters. Silber	schon ½ Stunde nach der Vermischung zeigt sich ein grauer Niederschlag, der nach 12 Stunden schwarz wird	ein sehr schwacher, nach 12 St. schwarzer Niederschlag	wie Säure No. 1.
— Quecksilberoxyd	starker weißgelber Niederschlag	starker braungelber Ndschl	starker weißgelblicher Niederschl.
— Queck.oxydul	gelblicher Niederschlag	bräunlicher Niederschlag	starker bräunlicher Niederschl.
saures — Wism.	starker schmutzig weißer Niederschlag	starker schmutzig weißer Niederschlag	schwacher schmutzig gelber Niederschlag.
— Zink	———	———	———
Essigsaure Salze:			
saures — Bley	kein Niederschl.	starker schmutzig weißer Niederschlag	schwacher gelbbrauner Niederschlag.
basisch — Bley	gelblicher Niederschlag	starker schmutzig gelber Niederschlag	starker gelblichweißer Niederschlag.
— Queck.oxydul	Trübung	gelblichbrauner Niederschlag.	gelblichbrauner Niederschlag.
Weinsaure Salze:			
— Antim.kali	———	———	———

III. Rückblick und Vergleichung.

Vergleicht man diese Versuche und ihre Resultate mit denen oben unter dem geschichtlichen Abschnitt angeführten, so wird klar, daß man 2—3 Stoffe zusammen als einen einfachen, als Kaffestoff aufgeführt hat. Nach Pfaffs Darstellung des Kaffestoff erhält man nehmlich eine Verbindung der Kaffebase mit den beyden Säuren, also ein Dreyfaches. Dagegen ist die von Chenevix als Kaffestoff aufgeführte Substanz ein Gemenge oder Gemisch der Kaffefarbe und der Kaffesäure No. 1. (die Kaffesäure No. 2. wird durch das salzsaure Zinnoxydul nicht gefällt), woraus sich nun auch die chemischen Reactionen erklären lassen, die Pfaff von einem solchen Kaffestoff aufführt. — Nun wird auch begreiflich, wie Cadet Gallussäure im Kaffe fand, er verwechselte ohne Zweifel die eigenthümliche Kaffesäure mit derselben.

Ueber die andern sonst noch im Kaffe aufgefundenen Bestandtheile kann hier noch kein genügendes Urtheil gefällt werden, weil wir überhaupt keine durchgreifende Analyse, sondern nur eine Critik und Berichtigung der falschen Ansicht, die in chemischer Hinsicht über den Kaffe herrscht, geben wollten.

Ohne Zweifel ist die Kaffebase das Wirksame im Kaffe, aber nimmer wird sie für sich allein so wirken, wie der Kaffeaufguß, der eine organische Verbindung der Kaffesäuren mit der Kaffebasis ist.

Es wäre interessant zu erforschen, ob die Kaffebase sich mit Säuren zu cristallisabeln Salzen verbindet. Aller Wahrscheinlichkeit nach ist der in der Analyse als einfache Kaffebase aufgeführte Stoff eine Verbindung der eigentlichen Base mit Essigsäure, was jedoch noch durch Versuche zu erweisen ist. Im Kaffe selbst ist die

Base mit der Säure verbunden, so, daß der Kaffeaufguß die Lösung dieses, gleichsam organischen Salzes darstellt.

Wenn aus allen chemischen Reactionen schon der basische Charakter des wirksamen Kaffestoffs hervorgeht, so wird er noch mehr dadurch bestätigt, daß die Gallussäure No. 1. und die Chinasäure No. 1. sich mit demselben zu unauflöslichen Verbindungen vereinigen.

Vergleicht man das Verhalten der Basen und Säuren des gerösteten und des rohen Kaffes gegen die Reagentien, so ergiebt sich im Ganzen eben keine sehr große Verschiedenheit. Am auffallendsten verändert sich die Base durchs Rösten, indem der ekelhaft süßliche Geschmack sich in einen angenehm bittern umwandelt. Die geröstete bittre Base ist auch mehr basischer Natur als die ungeröstete, was die stärkern und schnellern Reactionen gegen die Metallsalze beweisen. Die Säuren haben die wenigste Aenderung erlitten und kaum ist man im Stande, einige merkliche Unterschiede in den Reactionen ausfindig zu machen, auch sagen organische Reagentien nichts, bloß daß die Färbung abweicht.

Endlich ergiebt sich noch die Nichtexistenz des Bitterstoffs, den Armand Seguin (siehe oben) gefunden haben wollte. Im ungebrannten Kaffe findet sich ein solcher Stoff nicht, man braucht nur eine Bohne in den Mund zu nehmen, um sich hinlänglich davon zu überzeugen. Der gebrannte Kaffe schmeckt zwar bitter, allein dieß rührt von keinem Bitterstoff, sondern von der durchs Rösten veränderten Kaffebase her.

Siebentes Capitel.

China.

I. Geschichtliche Momente.

Ueber die China ist in chemischer Hinsicht so viel geschrieben, daß es Bände füllt. Die verschiedenen Chinasorten sind von Vauquelin, Fourcroy, Schrader, Seguin, Buchholz, Fabroni, Pfaff, mehr oder weniger sorgfältig untersucht worden; man hat sich über das wahre chemische Verhältniß der Bestandtheile der China hin und her gestritten, ohne daß die Zweifel hierüber durch die Forschungen jener Männer berichtigt wären, ja es ist noch nicht einmal so viel ausgemacht, wodurch man mit Bestimmtheit eine schlechte Chinasorte von einer guten unterscheiden kann. Auch ist es nach den bisherigen Erfahrungen noch ungewiß, ob die China 3 oder 4 eigenthümliche Bestandtheile enthält. Pfaff führt nehmlich (System der Mat. med. II. p. 270 — 78.) folgende auf:

1. Chinastoff, den Pfaff zum bittern Extractivstoff (!) zählt, von Fourcroy resino-extractiven Stoff genannt, und aus dem Decoct beym Erkalten (wo er sich niederschlägt) erhalten wird. Er ist nach ihrer Angabe rothbraun, spröde, unlöslich in kaltem Wasser und Aether, löslich in Alkohol; färbt oxydirte Eisensalze dunkelgrün, fällt den Tart. emet. und die Tinctura Gallarum, wird durch Laugen als dicke weiße Masse niedergeschlagen, und verliert durch Oxydation an der Luft Auflöslichkeit und Geschmack.

2. Chinasäure, die mit Kalk verbunden in der China ist.
3. Gerbstoff.
4. Stoff, der den Tart. emet. fällt (ist nach Pfaff noch zweifelhaft). Es ist unbegreiflich, wie über das Da- oder Nichtdaseyn dieses Stoffs als eines eigenthümlichen, noch Zweifel seyn können, da es doch so sehr leicht war, hiemit aufs Reine zu kommen, man brauchte ja nur die niedergefallene Antimonialverbindung zu zersetzen, das Antimon abzuscheiden, und den andern Stoff zu untersuchen.

Der Gerbstoff ist trotz der vielen Untersuchungen auch noch nicht erwiesen, man nimmt ihn so hypothetisch an, weil die China doch auch einen herben und zusammenziehenden Geschmack hat, und weil sie mit der Leimauflösung einen Niederschlag giebt (Pfaff a. a. O. II. p. 246.) Außerdem ist noch Schleim in der China aufgefunden worden.

II. Eigene Versuche und Beobachtungen.

Darstellung und Verhalten gegen Reagentien des wirksamen basischen Bestandtheils der China und der ihn neutralisirenden Säuren.

Die fein zerschnittene, nicht gepulverte Chinarinde wird mit kaltem Wasser unter öfterm Umschütteln ausgezogen, und das erhaltene Extrahirte auf die bekannte Weise durch die beyden essigsauren Bleysalze zerlegt. Man wendet nur die beyden ersten Auszüge der China zur Darstellung der Chinabase und der Chinasäuren an, weil die nachfolgenden schon etwas von dem in der China vorhandenen unorganischen Salze (eine Verbindung der sogenannten Chinasäure und Kalk (siehe oben) enthalten.

Der erstere, durch das saure essigsaure Bley bewirkte Niederschlag ist eine Verbindung der Chinasäure No. 1. mit Bley, der 2te durch das basische hervorgebrachte ist zusammengesetzt aus Bley und Chinasäure No. 2., wovon man die Säuren auf die oft angeführte Weise mittelst Schwefelwasserstoff trennt und durch Lösen in Alkohol rein darstellt. Sind die Säuren aus dem Auszug geschieden, so bleibt nun noch die Darstellung der Base übrig, was man durch Abscheiden des Bleys mittelst Schwefelwasserstoff, durch Verbunsten des Flüssigen und Digeriren des Rückständigen mit Alkohol bezweckt. Der Alkohol nimmt die höchst bitter schmeckende Base auf, und hinterläßt einen Stoff, der hier noch nicht mit aufgeführt, aber näher untersucht zu werden verdient (es ist wahrscheinlich das kalkige Chinasalz).

Wenn man den fleißig mit kaltem Wasser ausgewaschenen Chinarindenrückstand auskocht, so erhält man einen gegen das Licht opalisirenden röthlichbraunen Absud, der sich beym Abdampfen größtentheils in röthliche, unlösliche Flocken verwandelt, die auch in Alkohol und Aether unlöslich sind. Oxydirte Eisensalze werden von diesem Absude schmutzig gelbgrün, das oxydulirte schwefelsaure Eisen wird schmutzig grasgrün gefärbt, und auch eben so niedergeschlagen, Kalien fällen nichts, aber bewirken rothbraune Färbung, ausgenommen Kalkwasser, mit dem es sich zu einem rothen Niederschlag verbindet. Die Leimlösung wird nicht gefällt, übrigens aber fast alle Metallsalze. Der Stoff ist fernerer Untersuchung werth, was jedoch in eine vollständige Chinaanalyse gehört, die noch erwartet wird. Wir bezeichnen ihn einstweilen, weil ihm die China hauptsächlich die Farbe zu verdanken scheint; nach Analogie mit dem färbenden Stoff des Kaffes als **Chinafarbe**.

Die mit Kalk verbundene sogenannte Chinasäure ist gleichfalls hier nicht weiter untersucht, und hat mit den in der Reaktionstabelle aufgeführten Chinasäuren nichts gemein, daher man sie nicht mit diesen verwechseln darf.

Uebrigens ist die in der Darstellung der Reaktionsversuche aufgeführte Chinabase mit Essigsäure verbunden. Es wollte uns anfangs nicht gelingen, sie von dieser zu reinigen, ohne sie selbst zu zerstören. — Jetzt haben wir aber ein Verfahren, was zu diesem Ziele führt, und wir werden nächstens das Verhalten der reinen Königschinabase bey Bekanntmachung unserer jetzt unter Händen habenden vergleichenden Analysen aller bekannt gewordenen und käuflichen Chinasorten, angeben. — Dort wird Base gegen Base, Säure gegen Säuren sowohl mit dynamischen als chemischen Reagentien vergleichend geprüft werden. Wir hoffen auf solchem Wege dahin zu kommen, über die Güte einer Chinasorte auf rein chemisch-analytischem Wege nicht nur mit Bestimmtheit zu urtheilen, sondern auch jede Sorte unabhängig von allen äußern Kennzeichen von einer andern ähnlichen zu unterscheiden. Hievon bald. —

Aus der China regia.

Reagentien	Chinabase	Chinasäure No. 1.	Chinasäure No. 2.
I. Dynamisch-animalische Reagentien.			
Geschmack	ungemein bitter	mehr herb als sauer	sehr sauer, nicht herb.
Geruch	chinaartig	geruchlos	fast geruchlos.
Gesicht			
a. Färbung	hellgelb	braunroth	gelblich.
b. Formung	kristallisirt nicht, bildet eine glänzende, klebrig werdende Masse	kristallisirt nicht, bildet eine schön glänzende, sich in Schuppen ablösende Masse	bildet eine Feuchtigkeit anziehende Substanz.
II. Physikalische Reag.			
Wärme	ist nicht flüchtig bey der Hitze des kochenden Wassers	ist nicht flüchtig	ist nicht flüchtig.
Voltaismus	geht zum — Pol	geht zum + Pol	geht zum + Pol.
III. Organisch-animalische Reag.			
Leimlösung	———	starker gelbröthlicher Niederschl.	———
Eyweiß	———	die Mischung wird innerhalb 12 Stunden fast zinnoberroth gefärbt, und ein eben solcher Niederschlag bildet sich, ohne daß das Ueberstehende ganz klar wird	innerhalb 12 Stunden entsteht ein starker weißgelblicher Niederschlag, u. die überstehende Flüssigkeit ist ganz wasserklar.

Aus der China regia.

Reagentien	Chinabase	Chinasäure No. 1.	Chinasäure No. 2.
IV. Organisch-vegetabilische Reag.			
Kaffebase	—	starker weiß-röthlicher N.	—
Kaffesäure No 1.	weißgelblicher Niederschlag	—	—
Nicotianabase	—	schwacher röthlichbrauner Niederschlag	—
Gallussäure No. 1.	starker körniger weißgelber Niederschlag	—	—
V. Mineralische Reag.			
Lösungsmittel:			
Aether	schwer löslich	unlöslich	unlöslich.
Alkohol	leicht löslich	leicht löslich	schwer löslich.
Wasser	dito	dito	leicht löslich.
Laugen:			
Aetzkalilösung	ein starker körniger weißer Niederschlag (den auch die Schwefelsäure wieder auflöst)	die Flüssigkeit wird schön castanienbraun, Schwefel- und Salzsäure zerstören diese Farbe wieder	wird hellbraunroth, verhält sich gegen Säuren wie No. 1.
Aetzammonlösung	die Lösung wird milchicht und es scheidet sich ein reichlicher weißer Niederschlag ab	die helle Flüssigkeit wird dunkelbraun (durch Säure zerstört)	die fast farblose Säure wird braunroth (durch Säuren zerstört).
Aetzkalklösung	starker weißer Niederschlag	starker brauner Niederschlag	Trübung, hernach ein schwacher gelblicher Niederschlag.

Aus der China regia.

Reagentien	Chinabase	Chinasäure No 1.	Chinasäure No. 2.
Säuren:			
Schwefelsäure	———	———	———
Salzsäure	———	———	———
Salpetersäure	———	die Flüssigkeit wird anfangs braun und undurchsichtig, bey fernerem Zusatz von Salpetersäure aber wird alles goldgelb gefärbt und durchsichtig	die helle Flüssigkeit wird gleich goldgelb gefärbt
Salze:			
kohlensaure Salze			
halb — Kali	die Lösung wird milchicht, und es scheidet sich ein weißer Niederschlag ab	die gelblich gefärbte Lösung wird castanienbraun	wird schön braunroth.
Schwefelsaure Salze:			
— Eisenoxydul	———	die bis zum Farblosen verdünnte Lösung des Reagens wird stahlgrau	keine Farbenänderung.
— Zink	———	———	———
— Kupfer	die bläuliche Farbe des Kupfers wird erhöht wiewohl grünlich von der gelben Farbe der Base)	———	———
Salzsaure Salze:			
— Eisenoxyd	gelbe Färbung	dunkelgrasgrüne Färbung	gelbgrüne Färbung.
— Zinn	———	———	———
— Quecksilberoxyd.	starker weißer Niederschlag	starker gelber Niederschlag	starker gelber Niederschlag.
— Baryt	———	———	weißer Ndschl.

Aus der China regia.

Reagentien	Chinabase	Chinasäure No. 1.	Chinasäure No. 2.
Salpetersaure Salze:			
— Bley	———	———	———
— Kupfer	eine schwache Farbenerhöhung	———	———
— Silber	violette Färbung, nach etwa 16 Stunden ein schwarzbrauner Niederschlag	innerhalb 16 Stunden ein brauner Niederschlag	innerh. 16 Stunden ein grauer Niederschlag.
— Quecksilberoxyd.	schwacher schmuzig weißer Niederschlag	starker chokoladenbrauner Niederschlag	starker braungelber Niederschlag.
— Queck. oxydul	———	gelblicher Niederschlag	weißer Niederschlag
saures — Wism.	geringer weißer Niederschlag	geringer gelblicher Niederschl.	reichlicher weißer Niederschlag.
— Zink	———	———	———
Essigsaure Salze:			
saures — Bley	———	reichlicher gelber Niederschl., der an der Luft röthlich wird	starker weißgelber Niederschlag.
basisch — Bley	schwacher weißer Niederschlag	reichlich. braungelber Niederschlag	starker gelblicher Niederschlag.
— Queck. oxydul	———	schmutzig gelber Niederschlag	schmutzig weißer Niederschlag.
Weinsaure Salze:			
— Antim. kali (Tart. emet.)	———	———	———

III. Rückblick und Vergleichung.

1. Nach der eben angeführten Analyse findet sich ein solcher Stoff, wie ihn Pfaff und die Franzosen als Chinastoff beschreiben, nicht in der China, sie haben ihn daher entweder erst durch ihre Analyse hineingebracht, oder neu erzeugt; das letztere ist das Wahrscheinlichere, wofür auch unsere in dieser Hinsicht angestellten Versuche sprechen. Mischt man nehmlich die Chinabase mit der Chinasäure No. 1, so bekommt man sogleich einen in kaltem Wasser unlöslichen röthlichgelben Niederschlag, und einen eben so, nur etwas dunkler gefärbten, wenn man gleichzeitig etwas von dem als Chinafarbe aufgeführten Stoff hinzuthut. Diese hier entstehende dreyfache Verbindung aus Chinabase, Chinasäure, und Chinafarbe verhält sich ganz wie der Stoff, den man bisher für einfach hielt und Chinastoff nannte. Er ist daher unter den einfachen Stoffen auszustreichen, und als eine Tripelverbindung oder als ein vegetabilisches Tripelsalz zu betrachten, das sich aus dem Chinaabsud beym Erkalten abscheidet.

2. Einen einfachen, den Tart. emet. fällenden Stoff giebt es in der China nicht, wie die Analyse beweist, wo weder die Base noch die beyden Säuren die Brechweinsteinlösung trüben (auch das Decoct der mit kaltem Wasser erschöpften Rinde zersetzt dieses Salz nicht so, wie es der ganze Aufguß thut, denn es entsteht wohl ein Niederschlag, aber viel schwächer und langsamer, als es bey jenem der Fall ist). Dennoch wird der kalte Chinaaufguß vom Tart. emet. reichlich niedergeschlagen. Diese Anomalie zu erklären, giebts nun 2 Wege:

a. Es ist wirklich ein eigenthümlicher, Brechweinstein-fällender Stoff da, der mittelst des Bleyes aus dem Chinaaufguß zugleich mit der Chinasäure No. 1. oder No. 2. gefällt wird, durch Schwefelwasserstoff aber nicht wieder abgeschieden werden kann, und so für den Analytiker verloren geht. Oder

b. Der Tart. emet. bildet nicht mit einem, sondern mit 2 oder 3 der Bestandtheilen der China eine unlösliche Tripel- oder Quadrupelverbindung. Dieß ist nach unsern späteren Versuchen auch wirklich der Fall. Zersetzt man nehmlich den durch dieses Reagens im kaltbereiteten Chinaaufguß bewirkten gelblichweißen Niederschlag durch Schwefelwasserstoff (der das Antimon abscheidet) so tritt an das Wasser eine bitterschmeckende, aus Chinabase und den beyden Chinasäuren zusammengesetzte Verbindung, die also mit dem Antimon, vielleicht auch zugleich mit einem Antheil Kali vereinigt waren. Auch synthetisch erweißt sich dieß. Mischt man nehmlich Chinabase mit Tart. emet.-Lösung, so entsteht kein Niederschlag, der sich aber sogleich in großer Menge zeigt, so wie man Chinasäure No. 1. oder No. 2. hinzusetzt; ganz dasselbe Resultat ergiebt sich, wenn man erst die Säuren, und dann die Base mit dem Brechweinstein mischt. So wäre denn also auch dieses chemische Problem beseitigt und auf seinen wahren Werth zurückgeführt. —

3. Die oben aufgeführten Chinasäuren (No. 1. und No. 2.) kommen in Collision mit derjenigen, welche Hermbstädt, Deschamp, Vauquelin, Schrader und Andere in der China, verbunden mit Kalk, fanden. Es ist merkwürdig, daß man immer nur nach dem

Unorganischen in den Vegetabilien suchte, und das eigentlich Organische darüber ganz vergaß. Jene im Grunde unwesentliche Säure zählt mehrere Entdecker, indeß die beyden oben aufgeführten Chinasäuren bis heute unerkannt blieben. Man könnte glauben, unsere Chinasäuren seyen mit dieser, die man mit Chinasäure No. 3. bezeichnen kann, verwechselt worden, allein sie wird bey der Fällung beyder Säuren nicht miterhalten, weil nach Pfaffs ausdrücklicher Angabe das Kalksalz der China nicht durch Gold-, Silber-, Quecksilber-, Bley-, Kupfer- und Manganlösung geändert und gefällt wird (Pfaff mat. med. II. p. 243. u. 44.). — Sie verdient, obgleich schon lange bekannt, doch noch eine genauere Untersuchung. Die Substanz, die oben bey der Darstellung der Chinabase mit Alkohol zurückbleibt, scheint dieß Chinakalksalz zu seyn, denn Kleesäure bewirkt aus seiner Lösung mächtige Niederschläge.

4. Die Chinabase ist ohne Zweifel das Wirksame der China, schon allein ihre große Bitterkeit spricht hiefür. Mit den Säuren in organischer Verbindung vermittelt sie dann die specifiken Wirkungen der China, die am Chinapulver oder am kaltbereiteten Aufguß sich am meisten bewähren möchten. Das Chinadecoct ist in dieser Hinsicht verwerflich, weil durch die sich bildende unlösliche Tripelverbindung die Wirksamkeit geschmälert wird. Von Chinaextract gilt dieß noch mehr. Es wäre interessant, den Unterschied zwischen ihm und dem kalten Infusum rücksichtlich der Wirkung zu prüfen.

5. Ob die Chinabase cristallisable Salze bildet, haben wir noch nicht ausmachen können, ihre Basicität ist jedoch unverkennbar, und tritt in ihrem Ver-

halten gegen die Säuren sowohl als auch gegen die sauren vegetabilischen Reagentien am unzweydeutigsten hervor. Die in den Versuchen aufgeführte Chinabase ist wahrscheinlich mit Essigsäure verbunden, so wie sie gewiß in der China selbst mit den Chinasäuren zu einem (organischen) Salze vereinigt ist, nach welcher Ansicht der, dem kaltbereiteten Chinaextract von den Alten „wesentliches Chinasalz" gegebene Name, seinen wahren Sinn erhält.

6. Einen besondern Gerbestoff giebt es nicht in der China, die Leimfällende Eigenschaft ist der Chinasäure No. 1. eigen, sie darum Gerbstoff zu nennen, ist unstatthaft, weil sie viele Reactionen zeigt, die dem Gerbstoff *) völlig fremd sind.

7. Merkwürdig und entscheidend ist es endlich für den basischen oder aciden Charakter unserer neuen Stoffe der China, daß sie sich mit einigen des Kaffes und der Galläpfel verbinden. So giebt die Chinabase mit der Kaffe- und Gallussäure No. 1. die Chinasäure No. 1. mit der Kaffebase einen starken Niederschlag. So muß das eben als neu Aufgefundene gleich wieder dazu dienen, andere fast eben so neue Stoffe als eigenthümliche zu charakterisiren. — Wie viele Reagentien solcher Art mögen noch unentdeckt, im unermeßlichen Reiche der Pflanzen schlummern!

*) Der Gerbstoff ist überhaupt ein Unding, und hat eben so wenig Realität als der Extractivstoff. — Es giebt viele Säuren, die die Eigenschaft gemein haben mit thierischen Basen (Leim, Eyweiß) salzartige Verbindungen (Leder) zu bilden; aber andererseits weichen sie sehr von einander ab, und können daher unmöglich zusammen unter „Gerbstoff" begriffen werden Ueber die Nichteristenz des Gerbstoffs in der Folge. —

Achtes Capitel.

A. Crocus sativus, Safran.

I. Geschichtliche Momente.

Die stark färbende Kraft des Safrans und der Stoff, der dieselbe bedingt, mußte schon längst die Aufmerksamkeit der Chemiker rege machen, was auch geschah, und zwar auf eine Weise, daß sie darüber ganz das wahre chemische Stoffverhältniß des Safrans übersahen, und einen Stoff als Safranstoff (Crocin) bezeichneten, der nichts weiter als ein brillantes Aeussere, nehmlich eine auffallende Farbe zeigt. Dieser Stoff ist vorzüglich von Bouillon la Grange und Vogel herausgehoben worden. Er ist in Wasser und Weingeist löslich, und heißt um dieses Umstandes willen auch Seifenstoff, soll übrigens bitter schmecken, in Aether nicht lösbar seyn, und mit concentrirten Säuren verschiedene Farbenveränderungen zeigen. Mit schwefelsaurem Eisenoxydul macht er einen braunen Niederschlag. (Pfaff Syst. der mat. med. IV. p. 293. f.)

Dieß ist so ungefähr das Ganze, was man in chemischer Hinsicht über den Safran weiß, eine vollständige chemische Analyse ist uns noch nicht vorgekommen. Man scheint sich mit dem bisher darin Aufgefundenen zu begnügen und in allem Ernste zu glauben, der Crocin sey ein einfacher Stoff, und der Träger der Wirksamkeit des Safrans. Unsere Versuche sind aber für diese Meynung durchaus verneinend ausgefallen, und haben uns den Crocin als eine Zusammensetzung von 3—4 Stoffen, und die Farbe des Safrans als ganz unabhängig von seiner Wirksamkeit kennen gelehrt. Es tritt nehmlich auch im Safran, wie überall in den Pflanzen, ein polares Verhalten der Bestandtheile hervor, so daß auch hier einer eigenthümlichen Base eine Säure besonderer Art, opponirt ist. Der Farbestoff des Safrans ist der niedere dienende Factor dieser höheren, begeisteten Stoffe.

Anm. Später ist uns eine vollständig seyn sollende Analyse des Safrans zu Gesicht gekommen. Apotheker Aschoff in Bielefeld hat sie geliefert, er fand

1. Wasser,
2. wachsähnliche Materie,
3. Gummi,
4. balsamische Materie,
5. ätherisches Oehl,
6. Polychroit oder Crocin (Berliner Jahrbuch auf 1818. p. 141—57.)

Gewiß brauchen wir, um der Resultate dieser Arbeiten willen, unsere obigen Behaüptungen nicht zurückzunehmen. —

II. Eigene Versuche und Beobachtungen.

Um eine vollständige Trennung der Safranbestandtheile zu bewirken, bedarf es einer Zeit von einigen Wochen, vorausgesetzt, daß man unsere Zerlegungsmethode mit den essigsauren Bleysalzen in Anwendung bringt, indem die mit denselben entstehenden Niederschläge erst nach einer gewissen Zeit sich absetzen.

Da die Safransäure aus ihrer organischen Verbindung mit den andern Bestandtheilen nicht durch das saure essigsaure Bley trennbar ist und dasselbe überhaupt keinen Niederschlag im kaltbereiteten Safranaufguß macht, so muß man sogleich das basische in Anwendung bringen, das sogleich einen starken Niederschlag macht, den man so schnell wie möglich durchs Filter abscheidet, damit ein gelber Farbstoff, der sich auch bald auszuscheiden anfängt, noch mit durchfiltrirt werde. Diese Flüssigkeit wird nun hingestellt, um die Abscheidung der gelben Safranfarbe (die mit dem Bley sich verbindet) durch die Ruhe zu bewirken. Der obige abgeschiedene Niederschlag, der aus Bley und dreyen Bestandtheilen des Safrans besteht, wird nach dem gehörigen Aussüßen mit kaltem Wasser so lange mit Wasser gekocht, als es noch gelb gefärbt wird (wodurch man einen mit dem Bley niedergefalleuen gelben Farbebestandtheil des Safrans abscheidet). Der rothe in Wasser zertheilte Rückstand wird nun mit Schwefelwasserstoffgas durchströmt, wodurch wiederum ein Bestandtheil vom Bley gelöst und ans Wasser zu treten genöthigt wird, nehmlich die Safransäure. Der rothe Farbstoff des Safrans bleibt nun noch mit dem Bley vereinigt, und kann erst durch längere Digestion des Niederschlags mit Schwefelwasserstoff völlig geschieden werden, daher ist es gut, wenn man, um die Safransäure rein von allem Farbstoff zu erhalten, bey ihrer Abscheidung den Schwefelwasserstoff nicht zu lange auf den Niederschlag einwirken läßt. Hat sich aus der bey Seite gesetzten Flüssigkeit der gelbe Farbstoff in Verbindnng mit Bley durch Ruhe geschieden, so wird er abfiltrirt, wo dann das durchlaufende Flüssige völlig farblos und wasserklar seyn muß. In diesem Wasser, das den vollen Geruch des Safrans noch besitzt, ist nun der bittere, basische Stoff enthalten, und wird durch Verdunsten des Flüssigen (nachdem zuvor das Bley auf die bekannte Weise geschieden) und Digestion mit Alkohol dargestellt. Der bey dieser Extraction zurückbleibende Stoff verdient noch eine nähere Untersuchung. Auf diese Weise erhält man demnach 3 Farbestoffe, eine Base und eine Säure, nebst einem noch nicht bestimmten Stoff aus dem mit kaltem Wasser gemachten Auszug. Wenn man den noch rückständigen

Safran auskocht, so bekommt man einen dunkelroth gefärbten Absud, der durch Bley in einen gelben und einen rothen Farbstoff (identisch mit den obigen) zerlegbar ist. — Der rothe scheidet sich nehmlich auf Zusatz von basisch essigsaurem Bley einige Tage eher ab, als der gelbe.

Dieß wären so ungefähr die Hauptbestandtheile des Safrans; in der folgenden Reactionstabelle sind jedoch nur die Safranbase und die Safransäure aufgeführt und verglichen, theils um diese, die Wirkungen des Safrans hauptsächlich bedingenden Stoffe (das ätherische Oehl ausgenommen) mehr heraus zu heben, theils ist auch das Verhalten, wenigstens der rothen Safranfarbe, schon bekannt, und gehört um so weniger hieher, da das Ganze keine vollständige Safrananalyse seyn soll.

Anm. Da beyde, Base und Säure, sehr wenig auffallendes in der chemischen Reaction haben, und mit den meisten Metallsalzen in keinen Conflikt treten, so sind hier nur, um der Kürze willen, die reagirenden angeführt, die andern aber, wenn gleich geprüft, weggelassen, weil nichts erfolgte, was der Bemerkung werth wäre.

Aus dem Crocus sativus.

Reagentien	Safranbase	Safransäure
I. Dynamisch-animalische Reag.		
Geschmack	sehr bitter	rein sauer.
Geruch	angenehm safranartig	geruchlos.
Gesicht		
a. Färbung	schwach gelblich	goldgelb.
b. Formung	bildet eine klebrige Masse	cristallisirt nicht, sondern zieht Feuchtigkeit an.
II. Physikalische Reag.		
Wärme	ist nicht flüchtig	ist nicht mit dem Wasser verdunstbar.
Voltaismus	geht zum — Pol als gelbliche Masse mit Schaum	geht zum + Pol
Anm Organisch-animal. und vegetab. Reagentien wirken nicht		
V. Mineralische Reag.		
Lösungsmittel:		
Aether	löslich	schwer löslich
Alkohol	leicht löslich	leicht löslich.
Wasser	dito	dito.
Laugen:		
Aetzkalilösung	bewirkt Gerinnung und Abscheidung vieler gelblicher Flocken unter Entwicklung eines starken Safrangeruchs.	———

Aus dem Crocus sativus.

Reagentien	Safranbase	Safransäure
Aetzammonlösung	bewirkt jene Gerinnung nicht	———
Aetzkalklösung	scheidet einige wenige Flocken ab	flockig gelber Niederschlag.
Salze:		
schwefels. Eisenoxydul	Trübung	———
salzsaures Eisenoxyd	dunkelgelbe Färbung	———
salpeters. Silber	nach 2 Stunden ein bräunlicher Niederschlag	———
— Quecksilberoxyd	Trübung	starker weißgelblicher Nschl.
— Quecksilberoxydul	———	flockig gelber Niederschlag.
saures — Wismuth	Trübung	starker weißer Niederschlag
— essigs. Bley	———	starker weißer Niederschlag
basisch — Bley	Trübung	starker weißer Niederschlag.
essigsaures Quecksilberoxydul	———	flockig gelber Niederschlag.

Anm. Der rothe Farbstoff des Safrans oder die rothe Safranfarbe hat so viel Eigenthümliches, daß sie hier eine Stelle verdient. Schon Vogel und Bouillon la Grange bemerkten die Farbenänderungen durch concentrirte Säuren, wobey das Merkwürdige statt findet, daß hier Säuren diejenigen Farbennuancen erzeugen, die sonst (bey vegetabilischen Stoffen) nur durch Alkalien bewirkt werden. Der an sich roth gefärbte Stoff wird nehmlich durch Salpetersäure grün, durch concentrirte Schwefelsäure blau gefärbt. — Am besten sieht man das an dem mit Bley verbundenen, aus dem Absud des Safrans durch dasselbe geschiedenen Stoff, wenn man ihn noch feucht mit den Säuren in Berührung bringt. Jedoch ist die Färbung nicht constant, Entstehen und Verschwinden ist ein Moment.

III. Rückblick und Vergleichung.

1. Aus diesem Wenigen ergiebt sich schon hinlänglich, daß der unter dem Namen Crocin aufgeführte Stoff völlig auszustreichen sey, wenn man nicht etwa den rothen Farbestoff damit bezeichnen will, der aber trotz seiner Eigenthümlichkeiten dennoch diesen Namen nicht verdient, da er doch keinesweges der Hauptstoff des Safrans ist; und welcher Name soll dann den gelben Farbestoffen zukommen? Es ist daher wohl am allerzweckmäßigsten, man nennt sie rothe und gelbe Safranfarben, und quält sich nicht mit Erfindung und Behaltung neuer Namen.

2. Ersieht man, daß Vogel und Bouillon la Grange ein Gemenge oder Gemisch von Safranbase, Safransäure und der gelben und rothen Safranfarbe für einen einfachen Stoff, für Crocin hielten. Die von ihnen angemerkte Bitterkeit gehört nehmlich der Base, einige chemische Reactionen der Säure, die Farbenmetamorphosen der rothen Safranfarbe an.

3. Man hat viel von einem im Safran enthaltenen Seifenstoff gesprochen, und Giese bringt sogar unter dem Namen Crocinon einen Bestandtheil der Seifenwurzel und den Seifenstoff des Crocus zusammen. — Was und wo dieser Seifenstoff des Safrans eigentlich ist, weiß der Verfasser nicht — wahrscheinlich meynt man aber damit obigen Crocin, und dann ist seine Annahme und Existenz eben so nichtig, als die des Crocins. Beyde sind durch unsere Auffindung der Base und Säure des Crocus zu Grabe getragen und mögen sanft ruhen. —

B. Aloe.

Die Aloe ist vorzugsweise von Trommsdorff (vergleiche Journal der Pharmacie, XIV. B. 1. St., p. 27 f.) untersucht worden, wovon das Resultat die Aufführung eines eigenthümlichen Aloestoffs war; welchen man dadurch erhält, daß man die Succotrinische oder Leberaloe mit Wasser auszieht. Was nach dem Verdunsten des Wassers zurückbleibt, ist nun der Aloestoff Seine Haupteigenschaften sind nach Pfaffs Angabe (System der Mat. med. B. III. p. 51 und 52.) folgende:

1. Ist unlöslich in Aether.
2. Laugen färben ihn dunkelroth.
3. Säuren machen die Lösung heller.
4. Hausenblase macht keine Trübung.
5. Galläpfeltinktur ändert nichts (nach Braconnot bewirkt sie einen gelben flockigen Niederschlag).
6. Oxydirte Eisensalze machen eine dunkelbraune Färbung.
7. Salzsaures Zinnoxydul bewirkt nichts.
8. Brechweinstein bewirkt nichts.
9. Salpetersaures Bley trübt die Lösung, so auch salpetersaures Silber rc.

Außerdem haben Pfaff und Braconnot sich mit der Aloe beschäftigt, und haben obigen Aloestoff als einen eigenthümlichen bestätigt. Wir haben diese Versuche mit einigem Mißtrauen vorläufig wiederholt und gefunden, daß der Aloestoff dieser Chemiker kein einfacher, sondern ein zusammengesetztes, aus mehreren anderen Stoffen bestehendes Gemisch sey.

Es bewährt sich auch hier, daß das polare Verhalten der Stoffe zu einander, ein in der ganzen Pflanzenwelt durchgreifendes Gesetz ist, und daß Stoffe, die lange für einfache gegolten, doch wieder Verbindungen der chemischen Pole, Base und Säure sind. Man prüfe nur, um sich von der Wahrheit unserer Behauptung zu überzeugen, den auf obige Weise dargestellten Aloestoff gegen Bleysalze, so wird man finden, wie er durch dieselben zerlegt wird; sowohl das saure als auch das basisch essigsaure Bley scheiden Stoffe ab, die dem sauren Pol angehören. Das nicht Gefällte ist basischer Natur.

Die Arbeiten über die Aloe sind demnach noch nicht geschlossen, und bedürfen einer neuen Revision, so wie die Aloe selbst einer neuen Bearbeitung, um über ihr wahres chemisches Stoffverhältniß aufs Reine zu kommen.

Neuntes Capitel.

Der narkotische Stoff der Bilse, der Belladonna und der Datura im Conflikt mit dem lebenden pflänzlichen und thierischen Organismus.

Jedes Arzneymittel ist ein Specifikum (phytochemische Prinzipien §. 77.), und so auch jedes Gift, daher sind beyde in ihrer Wirkung auf Thiere und Menschen relativ. Was für den Menschen Gift ist, ist es damit noch nicht für das Thier, was das Thier tödtet, ist darum der Pflanze noch nicht schädlich, woraus begreiflich wird, wie gewisse Stoffe, die dem Menschenleben gefährden, Thieren zur Nahrung dienen können, indem sie sie zersetzen und in homogene Masse umwandeln. So verzehren das Pferd, das Schaf, die Ziege die Belladonna ohne Schaden, der Wassersalamander vegetirt in den Aufgüssen von Conium maculatum, Aconitum Lycoctonum, an 7—10 Tage, und stirbt nur, weil diese Infusa in Gährung übergehen. Das Kaninchen und die meisten Pflanzen leben gleichfalls von obengenannten Tollkräutern, wovon wir uns durch folgende Versuche unterrichtet haben.

Erster Versuch.

In zwey gleich große mit Gartenerde gefüllte Blumentöpfe wurden gleiche Mengen sogenannter türkischer Bohnen (Phaseolus nana) und gewöhnlicher Erbsen gepflanzt. Der eine dieser Töpfe (den wir mit A bezeichnen) wurde mit reinem Brunnenwasser, der andere (B) hingegen mit einem koncentrirten Aufguß der Bilse begossen. — Im Keimen war kein Unterschied zu bemerken. — Nach etwa drey Wochen zeigte sich aber im Topfe B (der mit dem Bilseninfusum begossen wurde) ein bedeutender Unterschied hinsichtlich des Wachsthums der Pflanzen, sie waren größer, stärker und schneller emporgeschossen, als in A, und es war ihnen nichts von einem Vergiftetseyn anzusehen. — Jetzt wurden die Pflanzen auf einen etwanigen Gehalt des narkotischen Stoffs der Bilse geprüft, auf folgende Weise:

1. Ein Tropfen des Saftes der frisch gequetschten Blätter wurde aufs Auge gebracht, er bewirkte keine Dilatation der Pupille.
2. Der Saft des auf gleiche Weise behandelten Stengels und der gut abgewaschenen Wurzel verhielten sich eben so, sie reagirten nicht.
3. Die mit kaltem und heißem Wasser ausgelaugte Erde bewirkte zwar Pupillenerweiterung, jedoch nicht in dem Maße, als man es von der Menge des aufgegossenen Bilseninfusums erwarten sollte.

Resultat. Das Wachsthum der Pflanzen ward also durch den narkotischen Stoff befördert, er selbst aber nicht von ihnen unverändert aufgenommen, sondern wahrscheinlich zerlegt und assimilirt worden, etwa so wie der Mist. Um dieß genau zu entscheiden, wurde folgender Versuch angestellt.

Zweyter Versuch.

Zwey flache Gefäße (Untersatzschalen unter Blumentöpfe) wurden mit etwa acht Unzen gut ausgewaschenem Sande gefüllt, und dieser Inhalt eines jeden Gefäßes mit einer Lösung Belladonnaextracts (eine Drachme in drey Unzen Wasser) angefeuchtet und so lange begossen, bis sie verbraucht war. Vorher aber waren in jedes zwanzig Stück Erbsen und dreißig Gerstenkörner gepflanzt, und eins dieser Gefäße der Einwirkung des Sonnenlichts ausgesetzt, das andere aber im Schatten durch Zudecken mit einem großen Blumentopf vor dem Lichteinfluß geschützt. Nach dem Verbrauch der Belladonna-Extractlösung wurden die Pflanzen mit reinem Brunnenwasser begossen. Die dem Lichte entzogenen Pflanzen wuchsen sehr rasch, und kamen bald durch die im Boden befindliche Oeffnung des übergedeckten Blumentopfes zum Vorschein, und erreichten in kurzer Zeit von hier aus die Höhe von 4—5 Zollen, indeß die unbedeckten Pflanzen kaum im Ganzen eine solche Höhe erreicht hatten. — Der Apparat wurde nun aus einander genommen, und die Pflanzen mit allen ihren Theilen, so wie die Erde, einer Prüfung wegen des Vorhandenseyns des narkotischen Stoffs unterworfen. Zuerst wurde die Pflanze, die zum Theil im Schatten aufgewachsen war, untersucht, wovon die Resultate folgende waren.

1. Der Aufguß der wohlabgewaschenen Wurzel bewirkte nach der bekannten örtlichen Applikation keine Pupillenreaktion.

2. Der ausgepreßte Saft, der innerhalb des übergedeckten Topfes dem Licht entzogen gewesenen ausgebleichten Theils, erweiterte gleichfalls die Pupille nicht.
3. Die grün gefärbten, aus der Topföffnung an 4 Zoll emporgewachsenen Pflanzentheile hatten auch keine Wirkung auf die Pupille.
4. Auch im Sande, worin die Pflanzen vegetirt hatten, war nichts mehr vom narkotischen Stoff zu entdecken, denn der aus demselben bereitete wässerige Auszug bewirkte keine Reaction der Iris.

Die unter dem Lichteinfluß aufgewachsenen, gleichfalls mit Belladonnaextract begossenen Pflanzen wurden einer ganz gleichen Prüfung über ihren Gehalt an narkotischem Stoff unterworfen. Allein keine Spur desselben war zu finden, weder in der Wurzel noch in dem Stengel und in den Blättern. Der wässerige Auszug des Sandes bewirkte eine geringe Pupillenerweiterung, was wohl daher kommen mochte, daß diese Pflanzen, die kaum halb so hoch waren, als die obigen, wegen ihres geringern üppigen Wachsthums nicht allen narkotischen Stoff zerlegt und assimilirt hatten.

Resultat.

1. Das narkotische Prinzip wird demnach durch die Vegetationskraft der Pflanzen zersetzt und angeeignet, und vertritt bey der im dürren Sande stehenden Pflanze gleichsam die Stelle des Düngers. Man kann demnach immerhin mit verfaulten Giftpflanzen düngen, sie werden ihnen nichts Schädliches mittheilen können, weil die Pflanze es nicht so aufnimmt, sondern es zerstört, um es sich anzueignen.
2. Macht die An- oder Abwesenheit des Lichtes keinen Unterschied, der narkotische Stoff wird in bey-

den Fällen von der pflänzlichen Lebensthätigkeit bezwungen.

3. Sieht man hieraus ganz deutlich, daß die Pflanzen nicht bloß von Luft und Wasser, sondern auch von noch andern Stoffen leben, wenn sie sie bekommen können, an ein mechanisches Aufsaugen dieser Stoffe ist aber durchaus nicht zu denken.

Wie es hier die Pflanze mit den organischen Stoffen macht, so macht sie es auch mit den anorganischen, auch bey diesen ist an kein mechanisches Aufnehmen etwa wie Harnröhrchen zu denken, und wenn John's Versuche (Gekrönte Preisschrift: „Ueber die Ernährung der Pflanzen im Allgemeinen ꝛc." 1819) das Gegentheil zu beweisen scheinen, so liegt der Grund darin, daß dieser Chemiker nicht mit lebenden, sondern schon halb todten, kranken Pflanzen experimentirte, die natürlich alles aufsaugen, was ihnen geboten wird, indem deren Wurzelgefäße sich gerade so verhalten, wie die Lymphgefäße beym Gelbsüchtigen, die nur bei krankhafter Disposition Galle in sich aufnehmen. Herr Johns Versuche sind demnach todt, und erlauben keine Anwendung auf die Ernährung der kraftvollen lebendigen Pflanze, die nur das ihr frommende sich aneignet. Er machte die Pflanzen, die er im Manganoxyd, in frischgefälltem Eisenoxyd (das die Consistenz eines Schlammes hatte) nur mühsam zu einer kümmerlichen Entwicklung brachte, schon durch seinen Versuch erkranken, und bewirkte so gleichsam künstlich eine Absorption der metallischen Theile, womit die Wurzeln in Berührung waren.

Anm. Wer unsern oben erwähnten „zweyten Versuch" nachmachen will, hat vorzugsweise darauf zu sehen, daß aller narkotischer Stoff in den Kreis der Vegetation komme. Daher ist beym nachherigen Begießen mit reinem Wasser ein gänzliches Durchfeuchten des Bodens nothwendig, damit der Antheil des narkotischen Stoffs, der in Berührung mit der Luft sich erhärtet hat, wieder aufgelöst und zur Wurzel der Pflanze geführt werde.

Dritter Versuch.

Ein weibliches Kaninchen wurde, nachdem es vierzehn Tage zuvor geworfen hatte, mit Atropa Belladonna, Hyoscyamus pallidus und Datura stramonium gefüttert. Es bekam 8 Tage lang nichts als diese Pflanzen, zuletzt aber vorzüglich Datura, die es sehr begierig fraß. Spuren einer Vergiftung waren nicht bemerkbar, und nach 8 Tagen war das Thier noch munter wie zuvor. Die Pupille war im gewöhnlichen Zustande, und durchaus nicht erweitert. Der am dritten Tage aufgefangene Urin enthielt vom narkotischen Stoff, indem er die Pupille der Katze erweiterte.

Ueber das Vorhandenseyn des narkotischen Stoffs im Thier selbst wurde nun folgendes beobachtet:

1. Das aus der Ader gelassene Blut aufs Katzenauge gebracht, erweiterte die Pupille nicht.
2. Die durch einen Einschnitt in die Brustwarze erhaltene Milch (durch Brustgläser mit noch so enger Oeffnung war nichts herauszubringen) bewirkte keine Reaktion der Iris.

Das Thier wurde geschlachtet, nachdem es drey Stunden zuvor Datura stramonium gefressen. — Es war im Innern völlig gesund. Der Magen war angefüllt mit der halb verdaueten Giftpflanze, man sah ihm nichts abnormes an. Die wurmförmige Bewegung der Därme war stark, jedoch nicht übermäßig. Die Organe wurden nun einzeln auf einen etwanigen Gehalt des narkotischen Stoffs geprüft, nehmlich

3. Der Absud der Leber und die mit Wasser verdünnte Galle bewirkten keine Pupillenreaktion.

4. Ganz gleich verhielten sich die Absude der Nieren, der Lungen und des Herzens.

Anm. Das Blut bestimmter Gefäße, z. B. der Nierenarterien, der Carotiden, der Vena subclavia ꝛc. war wegen der Kleinheit der Gefäße nicht gut aufzufangen und für sich zu untersuchen.

5. Der in der Urinblase befindliche Harn erweiterte sehr stark die Pupille.

6. Eben so bewirkte der Aufguß der im Magen befindlichen halbverdauten Stoffe eine starke Pupillendilatation, dahingegen brachte der Absud des im Mastdarm befindlichen Kothes nur eine kaum bemerkbare Erweiterung hervor.

Resultat. Man sieht hieraus, daß sich diese in Bezug ihrer Wirkung auf den menschlichen Organismus giftig genannten Pflanzen gegen das Kaninchen eben so verhalten wie gegen die Pflanzen, nehmlich nicht tödtend, sondern nährend. Kein Atom des die Pupille erweiternden narkotischen Stoffs geht unzersetzt in diese Organismen ein. — Wie kommt es aber in den Urin? da das Blut und selbst die Niereu nichts enthalten. Wer diese Versuche weiter verfolgen wollte, der könnte die noch immer problematischen geheimen Harnwege mit Gewißheit entweder bejahen oder verneinen, denn gerade dergleichen Versuche, wie die hier angeführten, können, nur mehr vervielfältigt, hier entscheiden, und nichts unterstützt sie mehr als die Anwendbarkeit des Auges als Reagens. Das zwischen Darm und Urinblase liegende Zellgewebe, die Nieren sammt dem Inhalte ihrer Arterien, Venen und Uretheren wären wohl am meisten zu beachten, wobey jedoch auch die Möglichkeit eines innigen Verbundenseyns des narkotischen Stoffs mit dem Blute nicht zu übersehen wäre.

Anm. Die Umstände erlaubten uns nicht, die mit dem Kaninchen angestellten Versuche bey den Thieren zu wiederholen, gegen die sich die genannten Pflanzen wie Gift verhalten, z. B. bey Hunden. Es wird sehr interessant seyn, zu wissen, ob und welche Organe hier mit narkotischem Stoff geschwängert erscheinen, was gleichfalls leicht mit Hülfe des lebendigen Reagens des Katzenauges, ausgemittelt werden kann.

Schlußbemerkung.

Dieses merkwürdige Verhalten der drey Narkotica gegen genannte Thiere und Pflanzen wird hoffentlich die Physiologen zu fernerweitigen Versuchen anregen. Denn es ist sehr wünschenswerth zu wissen, ob denn alle Pflanzen den narkotischen Stoff durch ihre Vegetationskraft zerlegen und sich aneignen, ob er alle zu einem schnellern energischen Wachsthum determinirt, oder ob einige seiner dynamischen Einwirkungen unterliegen und getödtet werden. — Verliert die Mimosa ihre Reizbarkeit durch Begießen mit Belladonnainfusum, oder wird sie noch mehr erhöht? —

Daß es übrigens noch viele Thiere giebt, die diese Narkotica verdauen wie andere Pflanzen, ist sehr zu vermuthen. Denn jede dieser Giftpflanzen hat ja ihre eigenthümlichen Würmer, Larven und Insekten, die auf ihr hausen und sich von ihr nähren. — Die auf Hyoscyamus niger lebenden Blattläuse, die von Flüssigkeit strotzten, haben wir wegen ihres etwanigen Gehalts an narkotischem Stoff geprüft. Allein es war keine Spur desselben in ihnen aufzufinden. Sie wurden mit etwas zugesetztem Wasser zerrieben, aufs Auge applizirt, aber die Flüssigkeit erweiterte die Pupille nicht.

Zehntes Capitel.

Quantitative Bestimmungen

ohne direkte Anwendung

von Maß, Wage und Gewicht.

Wenn man einen Gran der narkotischen Base der drey aufs Auge wirkenden Narkotica (Belladonna, Hyoscyamus und Datura) in einer Unze Wasser löst, und einen bestimmten Theil dieser Lösung (die wir hier mit A bezeichnen) aufs rechte Auge einer jungen Katze *) mittelst eines Haarpinsels applizirt, und auf das linke Auge ein gleiches Quantum einer noch einmal so starken Lösung (zwey Gran in einer Unze Wasser, die wir mit B bezeichnen) bringt, so wird man nach einer halben oder ganzen Stunde eine, aber ungleiche Pupillenerweiterung beyder Augen wahrnehmen, nehmlich so, daß die Pupille des linken Auges fast noch einmal so stark erweitert ist, als die des rechten. Was auch nicht anders seyn kann, indem die Stärke der Wirkung mit dem Quantum des Stoffs in einem geraden Verhältniß steht, und B noch einmal so viel enthält als A.

Aus diesem einfachen Versuche ergiebt sich nun, daß man durch ähnliche im Stande ist, quantitative Verschiedenheiten der, die narkotische Base enthaltenden, Flüssigkeiten auszumitteln, auch selbst das Quantum anzugeben, indem man nehmlich auf das eine Auge die bestimmte Menge einer Flüssigkeit bringt, deren Gehalt

*) Diese Thiere sind, wie schon öfter gesagt, zu diesen Versuchen am besten, weil ihre Pupille ursprünglich nur eine schmale Ritze ist und man beyde Augen zugleich übersehen kann.

an narkotischem Stoff bekannt ist, und auf das andere diejenige, deren Gehalt man erforschen will; aus der Differenz der Wirkung ergiebt sich nun mit ziemlicher Gewißheit der Gehalt der zu erforschenden Flüssigkeit an narkotischem Stoff. Wir haben diese Erfahrungen zu folgendem benutzt:

1. Zur Beurtheilung der Güte der Wurzeln, Blätter, Saamen und Extracte, die man von den drey Narkoticis (Bell., Hyosc. und Datura) in den Apotheken vorräthig hält.

Man kann nehmlich durch die oben erwähnte Anwendung unsers lebendigen Reagens ausmitteln:

1. Ob ein gegebenes Pflanzenextract oder andere vegetabilische Theile wirklich die der drey Narkotica sind.
2. Ob Wurzeln, Saamen, Blätter durch Alter oder Verwahrlosung, ob die Extracte durch schlechte Bereitung oder Gährung verdorben nnd unwirksam geworden.
3. Ob die Extracte aus dem frisch gepreßten Saft bereitet, oder durch Auskochen des trocknen Krautes erhalten worden sind.
4. Ob die Arzneyspender (Apotheker) das verschriebene Quantum gegeben, oder sich in der Dosis geirrt.
5. Ob die Extracte, Wurzeln, Blätter u. s. w. der Narkotica in den verschiedenen Offizinen von gleicher Beschaffenheit sind, und welche die besten u. s. w.

Wir wollen hier nicht durch die langweilige Erzählung unserer vielfältigen hierüber angestellten Versuche ermüden, wer nur durch einige eigene Versuche mit dem so merkwürdigen als sichern Reagens, wie es die Iris ist, hat experimentiren gelernt, wird das Seyn oder Nichtseyn des oben Angeführten sehr leicht erweisen können. Nur so viel bemerken wir noch, daß man, um ein, verdächtiges Präparat oder einen Pflanzentheil auf Güte und Aechtheit zu prüfen, man stets eins, dessen Beschaffenheit man genau kennt, zur Hand haben muß, denn auf das eine Auge kommt das zu prüfende Mittel, auf das andere hingegen, das rücksichtlich seiner Wirkung und Intensität bekannte, um einen Maßstab zur Beurtheilung des erstern zu haben. Man löst z. B. zehn Gran des verdächtigen und zehn Gran des selbstbereiteten Extrakts (eins der drey Narkotica) in gleichen Mengen Wasser, und bringt von jeder Lösung gleichviel aufs Auge, und beurtheilt nun nach der verschieden erfolgenden Erweiterung die Güte u. dgl. des fremden Präparats. Die ersten Stunden sind zur Beobachtung die schicklichsten, weil bey längerer Dauer der Consensus der Augen die Differenzen der Pupillen zum Theil verwischt.

Wir legen auf die hier berührte Anwendungsart des Reagens einen großen Werth, weil sie uns ein Mittel an die Hand giebt, auch pflänzliche pharmazeutische Artikel und Producte zu prüfen, was bisher meist nur mit den mineralischen möglich war. Die Extracte der Narkotica werden nur sparsam gebraucht, verjähren nicht selten in den Apotheken, und sind, wie sie bis jetzt bereitet werden, sehr zu Selbstentmischungen geneigt, wodurch ihre dynamischen Wirkungen, wenn nicht ganz getilgt, doch geschmälert werden. (Siehe Cap. XI. über die Extractbereitung 2c). Geruch, Geschmack und Ansehn so wie mineralische Reagentien entscheiden hier so viel, wie gar nichts, nur die Prüfung, rücksichtlich der eigenthümlichen Wirkung, giebt hier Aufschluß, dem das Auge als Reagens am besten entspricht. Wir haben bey unsern in dieser Hinsicht angestellten Untersuchungen auch nicht ein Extract der drey genannten Narkotica aus verschiedenen Apotheken dem andern gleichwirkend gefunden, meistens waren sie viel schwächer, als das von uns selbst aus dem frischen Safte bereitete Extract *), was theils dem Alter, theils der schlechten Bereitung, theils auch wohl dem Beygemengtseyn unwirksamer, nur Masse und Gewicht des Extracts mehrenden Stoffe, z. B. des sogenannten grünen Satzmehls, des Eyweißstoffs u. s. w. zuzuschreiben ist.

2. Zur chemisch - physiologischen Untersuchung der Bildungsstufen, welche der narkotische Stoff gleichzeitig mit der Ausbildung der Organe und Systeme, also in den verschiedenen Lebensperioden durchläuft, mit Berücksichtigung der einwirkenden kosmischen und tellurischen Potenzen.

Es können hier nur Andeutungen zu Versuchen, nicht ihre Beschreibung selbst und die Resultate derselben gegeben werden, dazu ist es noch zu früh. Drey- bis vierjährige Beobachtungen werden erfordert, ehe man damit aufs Reine kommt, und es wagen darf, die dabey waltenden Gesetze auszusprechen. Wir wollen hier nur kurz unsere bisher theils schon angestellten, theils eingeleiteten Versuche angeben, um vielleicht jemand dadurch zur Anstellung ähnlicher zu veranlassen, die, wenn man sich nur erst mit dem neuen Reagens (dem Auge) vertraut gemacht hat, nur Uebung und Genauigkeit im Schätzen und Beobachten erfordern, um sie gelingen zu machen.

*) Der Extract wurde nicht nach der im XI. ten Capitel gegebenen Methode, sondern nach der alten gewöhnlichen bereitet.

Erste Untersuchung. Bestimmung des quantitativen Verhältnisses des narkotischen Stoffs in den verschiedenen Pflanzensystemen, z. B.

das der Wurzel zum Stengel,
— — — — Laub,
— — — zur Blume,
— — — — Kapsel,
— — — — Beere,
— — — zum Saamen u. s. w.

Anm. Hier werden gleiche Mengen frischer Wurzeln und frischen Laubes, frischer Stengel ꝛc. mit gleichen Quantis Wasser zerquetscht, und durch gelinde gleichmäßige Wärme extrahirt. Durchseihen und filtriren unterbleibt, um das Verschütten und dadurch hervorgebrachte Ungleichheiten zu verhüten. Am besten geschieht daher diese Extraction in wohl tarrirten kleinen Mörsern, die man vor der Applikation der Flüssigkeit aufs Auge erst wägt, um das durchs Verdunsten verloren gegangene Flüssige wieder zu ersetzen, und beyde zu prüfende Flüssigkeiten sich gleich zu machen. Da hier mit beyden Augen experimentirt wird, und es sich um den verschiedenen Grad der Pupillenerweiterung vorzüglich handelt, so sind bey der Applikation der Flüssigkeit aufs Auge die Capitel II.) gegebenen Vorsichtsmaßregeln sehr zur Beachtung zu empfehlen.

Zweyte Untersuchung. Bestimmung des quantitativen Verhältnisses des narkotischen Stoffs in den verschiedenen Lebensperioden der Pflanze, oder Vergleichung der Wirkung der eben hervorsprossenden Pflanzensysteme mit der der schon völlig ausgebildeten anderer Pflanzen, z. B.

1. die, der eben aus dem Samen hervorkeimenden Wurzel mit der einer schon blühenden Pflanze.
2. Die des kaum hervorgeschossenen Stengels mit der eines Stengels von einer blühenden Pflanze.

3. Die des eben entfalteten Blatts mit der eines Blatts von einer blühenden Pflanze.

4. Wiederholung der Versuche mit den jungen Pflanzensystemen im Vergleich mit denen schon verblichener, Samen angesetzt habender Pflanzen.

Anm. Auch gehört hieher die Untersuchung der Wurzel, vor und nach der Saamenreifung, so wie des Stengels und des Blatts in gleicher Beziehung.

Dritte Untersuchung. Bestimmung der Abweichung der Menge des narkotischen Stoffs in den verschiedenen Systemen durch die typischen Einflüsse der cosmischen Potenzen.

Hier sind alle Systeme der in jedem Monat gewachsenen Pflanzen zu untersuchen. Eine schwere Arbeit! aber auch eine sich selbst belohnende, denn es bieten sich interessante Verschiedenheiten rücksichtlich der Quantität bey den in den Frühlings- oder Sommer-, Herbst- oder Wintermonaten gewachsenen Pflanzen dar, wie es denn auch nicht anders seyn kann. — Jeder Monat ist ja charakterisirt durch ein von dem des andern specifik verschiedenes Polaritätsverhältniß zwischen Sonne und Erde, was sich in dem abweichenden Wachsthum in den verschiedenen Jahreszeiten aufs deutlichste ausdrückt, dem auch nothwendig eine Modifikation des chemischen Stoffverhältnisses parallel geht.

Im Allgemeinen wurde bey Anstellung dieser Versuche folgendermaßen verfahren:

Die Saamen der zu untersuchenden Pflanzen wurden in gleich großen, dieselbe und gleichviel Erde enthaltenden Töpfen immer so gesäet, daß sie zu den ersten Tagen des bestimmten Monats aufgingen. (Mit Daturasamen gelingt es am besten, der etwa in drey Wochen aufgeht — aber der Bilsensaame liegt 2—3 Monate). Alle Pflanzen wurden auf gleiche Weise gepflegt und herausgenommen, sobald sie zur Blüte kamen, schnell an der Sonne getrocknet, genau rücksichtlich ihres Alters u. s. w. bezeichnet und zur vergleichenden Untersuchung aufbewahrt. Auf diese Weise bekamen wir Pflanzen von allen Monaten, die merkwürdig in ihrer Quantität an narkotischem Stoff von einander abwichen. Da aber nur die Mittelzahl aus mehreren Versuchen hier entscheiden kann, so wagen wir es jetzt noch nicht, unsere nur noch einzelnen und einseitigen Resultate mitzutheilen. Man wird jedoch aus dem angeführten schon beurtheilen können, wie wichtig und nützlich diese Versuche sind, die das zwischen Sonne und Erde waltende cosmische Polaritätsverhältniß auch chemisch bewahrheiten werden.

Zu den cosmisch-tellurischen, die Bestandtheile der Pflanzen modifizirenden, Einwirkungen gehören nun hauptsächlich

1. Licht und Finsterniß,
2. Wärme und Kälte,
3. Elektrismus und Voltaismus.

Der Einfluß des Sonnen-, Tags- und Lampenlichts ist hier für die Form- so auch für die Stoffbildung von Bedeutung, am meisten aber das durch die Wechselwirkung mit der Materie modifizirte oder gefärbte Licht, in dessen Gegensätzen von roth und violett, von blau und gelb gewiß auch Stoffumwandlungen mannichfacher Art vor sich gehen. Man muß zu dem Ende die Pflanzen vom Anfang ihrer Entstehung an mit großen intensiv gefärbten Glasglocken bedecken, deren obere kleine Oeffnung der Luft freyen Zutritt gewährt.

Die Finsterniß scheint der Bildung des narkotischen Stoffs nicht günstig, was wegen seiner basischen Natur sehr begreiflich ist, (junge Daturapflanzen, welche mit einem oben einen halben Zoll weit durchlöcherten Blumentopf bedeckt wurden, verwelkten jedesmal.)

Eine erhöhte Wärme ohne Licht kann man den Pflanzen in Treibhäusern geben, mit Licht durch Ueberdeckung ungefärbter Glasglocken unter Einwirkung des Sonnenlichts.

Die Kälte wird am besten im Winter in Anwendung gesetzt (wobey vielleicht aber noch ganz andere Einflüsse thätig sind) und zwar bis zu dem Grade, daß die Pflanze dabey ihre Individualität behaupten kann. Ueber Elektrismus und Voltaismus fehlen uns die Erfahrungen.

Vierte Untersuchung. Bestimmung der Abweichung der Menge des narkotischen Stoffs in den verschiedenen Systemen durch die Einflüsse der tellurischen Potenzen.

Hier sind nun die an ihren gewöhnlichen Standorten in der Wildniß gewachsenen Pflanzen mit denen im Garten gezogenen auf die oben angegebene Weise zu untersuchen. Speciellere Unterschiede werden sich bey denen im Thal und bey denen auf den Bergen, im Sumpf und im Sande gewachsenen ergeben, wobey jedoch cosmische Momente mit in Betracht kommen. Vorzügliche Aufmerksamkeit verdient hier aber der Einfluß der qualitativ verschiedenen Erdarten auf die Abweichungen in der Stoffbildung. So wechselt das Stoffverhältniß auf Kalk-, auf Talk-, auf Thon- und auf Kieselboden mannigfaltig ab, weil der Boden nicht bloß mechanisch als Haltendes, sondern auch dynamisch als Polarisirendes auf die Pflanze einwirkt. In Dammerde, so wie auch in Erden, die mit Gyps, Asche, Kreide, Metallen und Metalloxyden gemengt werden, sind die Pflanzen vergleichungsweise zu ziehen, gleichwie auch auf allen Arten von Mist ꝛc.

Fünfte Untersuchung. Bestimmung der Abweichung des narkotischen Stoffs ꝛc. durch Einwirkung chemischer Potenzen.

Es wurden ein Dutzend Blumentöpfe von gleicher Größe mit gleicher Erde gefüllt und mit Daturasaamen bepflanzt. Der eine wurde mit Schwefel-, der andere mit Salz-, der dritte mit Salpetersäure ꝛc. begossen, andere hingegen mit Lösungen von Alkalien, von Neutral-, erdigen und metallischen Mittelsalzen ꝛc. befeuchtet, und die Pflanzen, wenn sie die bestimmte Größe erreicht hatten, untersucht.

Diese mit Umsicht angestellten, sorgfältig und öfter wiederholten Versuche werden die chemische Grundlage der Pflanzenphysiologie trefflich vorbereiten, weil sie uns eine Menge bis dahin noch völlig unbekannter Stoffbildungsverhältnisse in den Pflanzen aufzuklären versprechen. Zwar sind diese Versuche nur mit einem kleinen Theil, nehmlich mit den (die Pupilleerweiternden) Narkoticis anzustellen möglich, weil bey andern Stoffprüfungen das Auge als Reagens nicht anwendbar ist, aber auch diese sind schon wichtig genug, und erlauben Schlüsse auf das Vegetationsverhältniß anderer Pflanzen. Möchte daher jemand die hier gegebenen Andeutungen benutzen, und sich denselben Versuchen unterziehen, um dadurch in den Stand gesetzt zu seyn, die von uns gefundenen und noch zu findenden Resultate mit andern zu vergleichen und zu berichtigen. Die Schwierigkeit des behandelten Gegenstandes macht dieses Zusammenwirken um so nothwendiger. — Auch der praktischen Medizin erwachsen hieraus grosse Vortheile, denn was wissen wir bis jetzt wohl mit Gewißheit von der Zeit, in welcher eine Pflanze am wirksamsten ist, wann die Wurzeln, wann die Blätter, wann die Blumen einzusammeln sind? Alles, was man hierüber festgestellt hat, ist zum größten Theil Vermuthung, die durch eigends angestellte Versuche erst noch Bestätigung erwartet.

Anhang.

Es wird nicht uninteressant seyn, hier, wo wir der periodischen Veränderungen des chemischen Stoffverhältnisses und ihrer zweckmäßigen Ausmittlung gedachten, der merkwürdigen durch Links, im Berliner botanischen Garten bestätigten Entdeckungen des Engländers (Benjamin Heyne) zu erwähnen, die er über den periodischen Säuregehalt der Blätter einiger Pflanzen machte.

Die Blätter von Colyledon calycina (Bryophyllum calycinum nach Salisburry) sind nehmlich in ihrem Vaterlande Indien des Morgens so sauer wie Sauerampfer. So wie der Tag fortrückt, verlieren sie ihren sauren Geschmack, und werden um Mittag geschmacklos, gegen Abend erhalten sie sogar einen bittern Geschmack. (Transact of the Linean Society. VII. p. 213. Benjamin Heyne). Link wiederholte diese Versuche hier in Berlin in den heißen Sommertagen (1819) mit Lackmuspapier, und fand sie nicht nur vollkommen richtig, sondern auch, daß Cacalia ficoides, Portulacaria afra, Sempervivum arboreum sich eben so verhielten (siehe Sprengel ꝛc. Jahrbücher der Gewächskunde, 1 B. Heft II. Berlin 1819.) Der ganze Vorgang ist ohne Zweifel das Resultat der desoxydirenden Licht- und der oxydirenden Finsternißeinwirkung. —

Elftes Capitel.

Ueber die Bereitung der Extracte aus Belladonna, Hyoscyamus und Datura.

Ueber die Bereitung der Extrakte aus den Narkoticis ist viel geschrieben und gestritten worden. Der eine wollte das grüne Satzmehl und den sogenannten Eyweißstoff darin, der andere dieselben daraus entfernt haben. Man kam hiemit nicht aufs Reine, erschöpfte sich in Vermuthungen und leeren Behauptungen, weil man das eigentlich Wirksame dieser Pflanzen, und somit auch ihrer Präparate nicht kannte. Der eine wollte ihre narkotische Kraft durch die Kunst mildern, der andere modifiziren, und der dritte gar erhöhen, ohne recht zu wissen, womit man es zu thun hatte. Daher denn die wunderlichsten Vorschriften um solche erträumten, die narkotische Kraft erhöhenden oder mildernden Veränderungen zu bewirken. Die von Kühn in Arnstadt vorgeschlagene gehört zu den abentheuerlichsten, wie sie je jemand ersinnen konnte, und giebt an Absurdität nichts dem Vorschlage des Franzosen nach, der das Opium mit Kohle zu behandeln vorschlägt, um ihm seine betäubenden Eigenschaften zu benehmen (!), (siehe Journal der Pharmazie, B. XVII. St. I. p. 300.) Herr Kühn will jedoch das Umgekehrte, nehmlich die Kraft des Bilsenextracts verstärken, durch eine Verfahrungsart, die sie vielmehr zerstört, nehmlich durch Gährung. Man soll aus gequetschten frischen Bilsenblättern Kuchen formen, und diese mit ganzen Blättern umwickelt, trocknen, diese Kuchen dann mit andern frisch zum Brey zerriebenen Blättern mengen, und das Ganze unter öfterm Umrühren der Sonnen- und Lufteinwirkung so lange aussetzen, bis sich ein heftiger narkotischer Geruch entwickelt (Pfaff System der Mat. medica nach chemischen Prinzipien rc. B. V. p. 69.) Verdient dieß Präparat den Namen Extr. Hyoscyami? Ists nicht vielmehr ein durch Sudeley verdorbenes Pflanzenprodukt? Wie wärs, wenn hier der narkotische Stoff gänzlich zerstört würde und bey lange genug fortgesetztem Gährungsprozeß die rückstandige Masse nichts mehr davon enthielte? Die starke Geruchsentwicklung spricht ganz dafür. — Ein verjährtes Extractum Hyoscyami ist unwirksam, weil durch eine langsame Selbstentmischung, durch Gährung die narkotische Base zerstört wird. Durch Berührung mit Ammoniak *) verliert das Bilsenextract seine ganze Kraft und Einwirkungsfähigkeit auf die Pupille (siehe p. 141.). Beydes findet bey der Behandlung nach Herrn Kühns Vorschlage statt, und so wird man statt eines stärker wirkenden ein sehr unwirksames Präparat bekommen.

Die andern Vorschriften zur Extraktbereitung beziehen sich nicht wie die obige auf ein Verstärken und Vermehren, sondern nur auf das Reinerhalten der ursprünglichen Wirkung. Daher der sehr vernünftige Vorschlag, den frisch gepreßten Saft mit Alkohol zu mengen und so aufzubewahren. Hier ist dem Zersetzen durch Wärme (beym Eindicken) und der Gährung sehr gut vorgebeugt. Dieser Vorschlag hätte eine allgemeinere Annahme verdient, und auch gewiß gefunden, wenn nicht der beygemengte Alkohol die Anwendung am Krankenbett gar oft

*) Es giebt mehrere Beobachtungen, daß bey der Gährung und dem Schimmeln des Bilsenextrakts sich Ammoniak entwickelte, siehe chemische Annalen 1788. istes Stück, p. 157.

unmöglich gemacht hätte, und wenn man nicht in Ungewißheit geblieben wäre, ob der große in diesem Gemenge sich bildende Satz (grünes Satzmehl, Eyweißstoff u. dgl.) für wirksam oder unwirksam zu erachten sey.

Die Vorschrift zu einer zweckmäßigen Extraktbereitung ist jetzt nicht mehr schwer zu geben, da wir bereits aus dem in den analytischen Versuchen Angeführtem wissen, daß das Wirksame der narkotischen Extrakte an einem leicht im Wasser löslichen organisch vegetabilischen Salze (bestehend aus der narkotischen Base und einer Säure) gebunden ist, und es daher nur darauf ankommt, dieses pflänzliche Salz in seinem natürlichen Zustand unverändert zu erhalten. Dieß geschieht am besten und einfachsten durch Erwärmen und Filtriren des frisch gepreßten Saftes und gelindes Verdampfen des klaren Flüssigen zur Trockne. Hier bleiben die dynamisch völlig unwirksamen Stoffe, das Eyweiß und das grüne Satzmehl ganz entfernt. Auch Pfaff giebt diese Bereitungsart als die zweckmäßigste an (System der Materia med. 2c. B. V. p. 47.), er konnte sie aber nicht mit Zuverläßigkeit empfehlen, weil ihm die völlige Unwirksamkeit des Eyweißes und des grünen Satzmehls und das eigenthümliche Verhältniß des narkotischen Stoffs in diesen Pflanzen unbekannt war.

Die Aerzte mögen sich aber mit einem auf oben angegebene Weise bereiteten Extracte in der Dosis vorsehen, indem es durch die Entfernung des unnützen Ballastes noch einmal so stark als das gewöhnliche ist.

Die Vortheile, welche diese Bereitungsart des narkotischen Extracte gewährt, sind nun im Kurzen zusammengefaßt, diese:

1. Gleichförmigkeit des Präparats, welche das nach der ältern Methode bereitete Extrakt nicht

besitzt, in welchem der wirkende Stoff stets relativ vermehrt oder vermindert ist, je nachdem minder oder mehr des nur mechanisch beygemengten Satzmehls 2c. vorhanden ist.

2. Gleichartigkeit des Präparats, wodurch die Selbstentmischung vorzugsweise wegen Mangel des stickstoffhaltigen Ferments (des Eyweißstoffes) verhütet wird. Denn dieses, so wie das Satzmehl, die nur beygemengt sind, bringen Heterogeneität in das Extract, wodurch vorzüglich die Ammoniakbildung (wenigstens im Extractum Hyoscyami) begünstigt wird, dessen Entstehung zugleich Zerstörung des narkotischen Stoffs zur Folge hat, weil nichts von chemischen Potenzen demselben feindlicher als die Laugen (siehe den Anhang des fünften Cap.).

Das Angeführte erklärt das Widersprechende in den Beobachtungen mehrerer Aerzte über die Wirkungen des Extr. Hyosc. Der eine wollte die herrlichsten Wirkungen davon, der andere gar keine gesehen haben. Vielleicht bekam der eine ein frischbereitetes, der andere ein durch Gährung seines wirksamen Bestandtheils größtentheils beraubtes Extrakt. Läßt man aber die beyden unwirksamen, das Gleichgewicht der Mischung störenden Stoffe, nehmlich Eyweiß und Satzmehl bey der Bereitung weg, so wird ein solches zwey bis dreyjähriges Extract, wenn gleich schwächer, doch nicht unwirksam geworden seyn.

Es wird hier, da einmal von der Extractbereitung die Rede war, nicht am unrechten Orte seyn, noch einiger Arzneyformen, die sich an die der Extracte anschließen, zu gedenken, nehmlich des Dekokts, der Infusion und des frisch gepreßten Pflanzensafts. Erstere und letztere Form bilden Gegensätze, die Infusion hält das Mittel. — Das Dekoct kann man ein künstliches, den Pflanzensaft ein natürliches Pflanzenpräparat nennen, indem dieser die ganze Pflanze nur in flüssiger, aber sonst unveränderter Gestalt, jenes hingegen die Pflanze nicht allein verflüssigt (gelöst), sondern auch verändert enthält. Das Decoct ist nehmlich der durch die Siedhitze, also chemisch zersetzte Pflanzensaft, dieser hingegen nur die mechanisch zerstörte ausgepreßte Pflanze. Hieraus ergiebt sich schon die Unzweckmäßigkeit des Dekokts als einer Arzneyform, denn jede natürliche, im großen oder kleinen Organismus erzeugte Verbindung hat Vorzüge vor einer künstlichen. Daher wird das im Macrocosmus erzeugte Mineralwasser nie von dem künstlichen ersetzt, weil ihm der belebende Hauch: der Weltgeist fehlt. So übertrifft die im Organismus erzeugte phosphorsaure Kalkerde weit diejenige an Wirksamkeit, die auf chemischem Wege dargestellt worden; die kohlensaure Austerschalenkalkerde ist wirksamer als die Kreide, oder die künstliche, weil ihnen die thierisch-organische Begeistung fehlt, die keine chemische Operation einzuhauchen vermag, wie sehr die Mineralchemiker sich auch kasteyen mögen, um ihre Präparate den obigen gleich zu machen. Eben dieß gilt von den Erzeugnissen aus dem Pflanzenreich. Es kommt sehr darauf an, was mit der Pflanzensubstanz vorgegangen, wenn sie die erwartete Wirkung haben soll, daher die vollkommenste Arzneyform dahin zu streben hat, die Pflanze so unverändert als möglich wieder darzustellen. Dieß thut nun, wie gesagt, der frisch gepreßte Pflanzensaft, da aber dieser nur aus den Blättern und Blüten, und auch nicht zu allen Zeiten zu erhalten ist, so muß man sich nach einer andern Form umsehen, die dieser am nächsten kommt, dieß ist die Infusion. Aber welche Infusion die kalte oder die warme? Dieß muß sich aus den Forderungen, die man an eine Infusion zu machen hat, ergeben. Die Infusion soll Darstellung des Wesentlichen der Pflanze in flüssiger Gestalt seyn, sie soll das Essentielle, Aetherische derselben mit dem Materiellen innig combinirt enthalten, ohne daß dadurch das natürliche Stoffverhältniß, wie es in der Pflanze ursprünglich vorhanden war, getrübt wird. Dieß kann offenbar nur die kalte Infusion leisten; die mit heißem Wasser bereitete ist schon auf dem Wege zur Zersetzung, ist schon ein halbes Dekokt. — Das kaltbereitete Infusum hingegen liefert die dynamischwirksamen Stoffe in ihrem ursprünglichen, primären Seyn (vergl. Phytochemische Prinzipien, §. 37 u. f.), abgesondert von den unwirksamen, farbigen, starkmehlartigen Theilen. Man hat dem kalten Wasser immer zu wenig Auflösungskraft zugetrauet, und daher immer das mit dem heißen bereitete Infusum angewandt. Allein man lasse sich nicht durchs Gesicht hintergehen, die kalten Infusionen sind zwar nur schwach gefärbt, aber um so kräftiger und gehaltvoller, haben den ganzen durchdringenden Geruch, und stellen das Wirksame der Pflanze im ungetrübten Zustande flüssig dar; unsere Analysen beweisen das hinlänglich.

Es ist längst bekannt, und hätte billig etwas mehr die Aufmerksamkeit der Aerzte auf sich ziehen sollen, daß das kalte Wasser mehr von der Quassia auszieht, als das heiße; was sich dadurch erklärt, daß die Quassienbase durch die Hitze aus ihrer organischen Verbindung gerissen, und mit einem Theile der Quassiensäure zu einem Unauflöslichen sich verbindet, was alsdann verloren geht. Hieraus erklärt sich nun auch das bröckliche Wesen des Quassienextrakts und der große Niederschlag, den seine wässerige Auflösung fallen läßt. Wenn man den kaltbereiteten, weingelben, klaren und durchsichtigen Chinaufguß erhitzt, so trübt er sich, und es fällt Chinabase mit einem Theile Chinasäure verbunden, nieder. Das Chinadekokt ist demnach ein künstlich verändertes Product; das Milchigwerden desselben beym Erkalten hängt von der Zerstörung des ursprünglichen, natürlichen Seyns der Chinabestandtheile ab, indem das siedende Wasser sie in ein neues Verhältniß bringt. Der im Dekokt sich mit der Zeit bildende Bodensatz ist dieß noch weiter gediehene, künstlich erzeugte pflänzliche Produkt. Also ist auf alle Fälle das Chinainfusum, und zwar das kalt bereitete, vorzuziehen. Wir bereiten es, da wir Behufs unserer Analysen stets die Vegetabilien anfangs kalt extrahiren, sehr bequem so, daß wir in ein Glas mit weiter Oeffnung das gröblich zerschnittene Vegetabil thun, und es mit der bestimmten Menge kalten, destillirten Wassers übergießen, zukorken und öfter umschütteln. In 6—8 Stunden kann man den ersten Auszug abgießen, und nun noch einmal Wasser aufgeben, und dieß die Hälfte der Zeit darauf einwirken lassen. Dieß gilt von Rinden und Samen, Blätter sind in der Hälfte der Zeit extrahirbar. —

Es versteht sich, daß das hier von der Infusion gesagte nur von solchen Pflanzen gilt, deren Dynamischwirksames im Wasser lösbar ist.

Anm. Es wurde so eben von Quassienbase und Quassiensäure gesprochen; ihr Daseyn nachzuweisen, werden wir uns nächstens Gelegenheit nehmen. —

Kolibri 360 GmbH
Ferdinand-Jühlke-Straße 7
99095 Erfurt, Deutschland
produktsicherheit@kolibri360.de